U0317427

华章 IT

计算机视觉增强现实
应用概论

深圳中科呼图信息技术有限公司 ◎编著

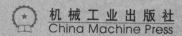
机械工业出版社
China Machine Press

图书在版编目（CIP）数据

计算机视觉增强现实应用概论 / 深圳中科呼图信息技术有限公司编著 . —北京：机械工业
出版社，2017.7

ISBN 978-7-111-57689-1

I. 计… Ⅱ. 深… Ⅲ. 计算机视觉 – 研究 Ⅳ. TP302.7

中国版本图书馆 CIP 数据核字（2017）第 186001 号

计算机视觉增强现实应用概论

出版发行：机械工业出版社（北京市西城区百万庄大街 22 号　邮政编码：100037）

责任编辑：曲　熠　　　　　　　　　　　　责任校对：李秋荣

印　　刷：北京文昌阁彩色印刷有限责任公司　版　　次：2017 年 9 月第 1 版第 1 次印刷

开　　本：185mm×260mm　1/16　　　　　　印　　张：12.25

书　　号：ISBN 978-7-111-57689-1　　　　　定　　价：39.00 元

凡购本书，如有缺页、倒页、脱页，由本社发行部调换

客服热线：（010）88379426　88361066　　　投稿热线：（010）88379604

购书热线：（010）68326294　88379649　68995259　　读者信箱：hzit@hzbook.com

　　本书作者在增强现实的诸多研究方向都有建树，既有理论方面的准备，也有开发实际应用的宝贵经验；既有项目统筹的领导及组织才能，又有一线编程的能力。可以说，他们是编著本书的最佳人选。

　　增强现实是一门新兴学科，与计算机视觉紧密相关，本书将填补国内这方面的空白，为计算机科学、软件工程、电子工程、信息工程及其他相关学科的大专生、本科生和研究生教育提供一本值得信赖的教科书，也为专业的工程师、程序员及从业人员提供一本自学的有益读本。

　　本书从计算机视觉技术和增强现实的概述开始着笔，继而讨论增强现实理论基础，然后介绍增强现实系统，包括增强现实相关的人机交互系统，最后讨论增强现实行业应用及发展趋势。

　　本书的特色是在计算机视觉这个当前最有活力的领域展开系统性的讨论，既有理论基础，也有算法实现，以便读者融会贯通，方便他们在开发计算机视觉系统和增强现实系统时实现和应用书中介绍的算法。本书还介绍了现在市场上主流增强现实系统的硬件配置及主流增强现实引擎。在增强现实相关的人机交互系统方面，本书介绍了手势识别、语音识别及眼动追踪等交互系统，这些都是目前人工智能研究的热点。本书在增强现实的应用方面也着墨较多，讨论了增强现实在教育与技能培训、游戏娱乐、市场营销、文化旅游、工业与医疗及军事领域的应用。在展望未来增强现实的发展趋势时，作者特别讨论了深度学习和大数据分析在增强现实的研究和应用中所扮演的角色。

　　本书章节安排合理，内容组织紧贴计算机视觉和增强现实的最新研究动向，知识深度适中，适合不同领域的读者阅读，也适合各大专院校用作教材。
我相信通过学习本书，读者们一定受益匪浅。

池哲儒
香港理工大学电子及资讯工程系
2017 年 6 月

Preface 前　言

近年来，随着增强现实（AR）技术的火热，越来越多的人开始关注相关领域的动态及发展，尤其是相当一部分软件开发者及技术爱好者已经开始计划从事 AR 行业相关的研究或开发工作。由于增强现实技术近几年才进入公众的视野，且涉及众多计算机视觉的复杂概念，相关知识又有着相当的深度及广度，因此目前市面上还没有一本系统介绍增强现实相关理论基础、软硬件系统及应用案例的专业书籍。

本书从增强现实的基本概念出发，系统介绍 AR 相关的理论、系统设计、行业应用及发展趋势，可以作为计算机科学、电子工程及其他相关院系的计算机视觉或增强现实基础课程的参考教材，也可以作为有意从事 AR 相关行业的从业人员的业务参考书。同时，对增强现实技术感兴趣的读者，也可以通过本书对 AR 的不同方面有一个系统的认识，为之后进一步的研究打下良好的基础。

本书部分章节涉及一些数学公式及程序实例，若想透彻理解这些内容，需要读者有良好的高等数学基础并有一定的实用基础软件编程能力，例如 C++ 或 C#。考虑到大多数读者的需要，本书第 2 章对增强现实相关的计算机视觉基本概念进行了简单描述。建议一般读者按照章节的顺序逐章进行阅读，有计算机视觉基础的专业读者则可按照自身情况选择相关内容进行阅读。对于非技术人员或者对 AR 应用及发展感兴趣的读者，可重点阅读第 5~7 章。在本书的编写过程中，我们得到了众多友人的支持。感谢浙江大学周泓教授为本书的修改多次提出宝贵意见，感谢香港理工大学池哲儒教授在百忙之中为本书写序。最后，感谢机械工业出版社的编辑为本书的出版付出的辛勤劳动。

虽然本书经过了多次校对，但难免会有疏漏之处。欢迎读者指出其中的错误，以便我们及时更正。

最后，愿广大读者朋友在本书的帮助下，都能很好地理解增强现实技术的各方面内容。愿本书能为增强现实在国内的普及以及在世界范围内的发展献上绵薄之力。

Contents 目　录

第 1 章 *Chapter 1*

计算机视觉与
增强现实应用概论

1.1 计算机视觉概述

通过视觉可以获取环境中物体和事件的信息，进而从物体发射或者反射出来的光中提取信息。人的视觉系统处理过程包括：眼球接收光信号的输入，信息的逐级提取，大脑皮层的处理，最后传递到大脑的不同功能区以做出反馈。

计算机视觉是计算机对生物的一种模拟，是教机器如何"看"的科学，也是人工智能的重要组成部分。它的任务就是通过对采集的图像视频流进行处理以获得相应场景的三维信息，就像人类在非睡眠时间所做的那样。在计算机视觉中，计算机用摄像机代替了人的眼睛，收集外部世界的图像；用算法代替了神经，对输入的图像视频流进行运算；用处理器（CPU 或者 GPU）代替了大脑，进行信息的存储和运算。

计算机视觉研究有两个终极目标：一是让计算机按照人类的方法去看待这个世界，代替人完成各种复杂的任务，甚至是人类根本无法完成的工作；二是实现图像理解系统，即利用输入的图像数据自动构造场景。当然这不是那么容易实现的，毕竟到目前为止人类对自己大脑的了解程度还是个未知数。人类视觉系统是迄今为止人们所知道的功能最强大和完善的视觉系统。同时，生物的神经系统对计算机视觉也非常重要，很多计算机视觉的处理和算法都是模拟生物视觉系统设计的。比如，人类大脑最强大的功能之一便是慢慢为所学到的东西建立知识关联库，随着知识的扩充与完善，大脑的网络越来越复杂。计算机视觉中也模拟了这样的结构，发展出机器学习和神经网络，使算法本身具备学习能力，随着数据的样本量增多、代表性增强、涵盖面变广，运算结果能够更精确，也更符合人类的预期。

本章将先从计算机视觉的发展历史出发，介绍计算机视觉研究方向的演化以及现状。之后将介绍计算机视觉所涉及的不同领域的理论发展和典型应用，让读者对计算机视觉这门学科有更全面和充分的认识。

1.1.1　计算机视觉发展历程

计算机视觉领域的突出特点是其多样性和不完善性。

计算机视觉的历史要追溯到 20 世纪 50 年代，那时候的计算机视觉研究主要集中在二维图像的分析和识别上，比如工件表面、显微图片和航空图片的分析和解释。到了 60 年代，模式识别发展成为一门独立的学科，也就是当今最流行的深度学习和机器学习的基础。同时 MIT 的 Roberts 的研究工作开创了以理解三维场景为目的的三维计算机视觉的研究，他实现了从数字图像中提取立方体、棱柱体等多面体的三维结构，并对物体形状及物体的空间关系进行描述。Roberts 对积木世界创造性的研究给人们以极大的启发，许多人相信由简单的"立体积木"创造的三维世界可以推广到更复杂的三维场景。计算机视觉正是从这时逐渐开始步入蓬勃发展时期的。

到了 70 年代，当计算机的性能提高到足以处理图像这样的大规模数据时，一些视觉应用系统开始出现，可惜这些方面的应用都很有局限性，如脸孔、指纹、文字等，因而无法被广泛应用在更多场景中。在 70 年代另外一件标志性事件是 MIT 人工智能实验室的 David Marr 教授提出了一套计算机视觉理论，该理论立足于计算机科学，系统地概括了心理生理学和神经心理学等方面取得的重要成果。在该理论中，Marr 认为可将视觉看作从三个层次对信息进行处理，主要包括以下三个阶段。

第一阶段是对输入的原始图像进行处理，抽取图像中的角点、边缘、纹理等特征，这些基本的灰度变动以线条勾画出的草图形式出现，称为基元图。

第二阶段是在以观测者为中心的坐标系中，由输入图像和基元图恢复场景部分的深度和轮廓等，这些信息包含了深度信息但又不是三维物体的全面表示，称为二维半图。

第三阶段是在以物体为中心的坐标系中，由输入图像、基元图和二维半图来对物体形状进行全面而清晰的描述。

有人认为 Marr 的理论是迄今为止最为完善的视觉理论，同时也为计算机视觉领域创造了许多新的起点。进入 80 年代，计算机视觉的研究又进入了新的阶段，从实验室走向了实际应用的发展。90 年代，局部特征描述子开始崛起，David Lowe 提出尺度不变特征变换（Scale Invariant Feature Transform，SIFT），计算机视觉研究的世界开始发生革命性的改变。SIFT 是一种对图像块进行比较和匹配的鲁棒解决方案。SIFT 对计算机视觉（包括立体视觉、运动重构等）几何方面的研究有着重要影响，之后还成为用于对象识别的词袋模型的基础。

20 世纪末，随着互联网科技的成熟，基于更大数据集的计算机视觉研究成为研究的主流。随着加州理工学院的 Caltech-101 数据集得到普及，分类的研究在不断增多。Caltech-101 也是更现代的 ImageNet 数据库的鼻祖。

进入 21 世纪后，研究人员逐步开始深入研究目标识别问题，涌现出词袋、空间金字塔、矢量量化等各种机器学习工具。原生 SIFT 算法对于一对一的匹配问题解决得很好，但无法对不同的视觉对象类别进行分类。由 Josef Sivic 和 Andrew Zisserman 在 2003 年提出的视觉单词是一种从大规模的文本匹配中借鉴的方法。视觉字典可以通过执行对 SIFT 的无监督学习，将 128 维的 SIFT 描述子映射为整数。使用这些视觉单词的直方图来表示图像是一种相当可靠的方法。至今词袋模型的变种仍然被大量使用在视觉研究中。

到了 2010 年之后，数据集越来越大，人工智能和深度学习开始飞速发展。深度学习其实是基于神经网络发展起来的，因为如今计算机的运算速度比 90 年代快了几个数量级，使很多之前难以实现的大型运算成为可能。可以将深度学习系统看作应用线性算子的多阶段过程，并通过非线性激活函数放到一个管道中进行处理。与以核函数为基础的学习系统相比，深度学习更类似于一种将多个线性支持向量机进行巧妙组合的系统。深度学习系统的构架需要手工设计，但不用为图像设计具体的特征描述子。

目前，计算机视觉技术被广泛地应用于计算几何、计算机图像学、图像处理、机器人学等多个领域中。这也让计算机视觉与其他许多知识领域产生了紧密关联，比如图像处理、模式识别、投影几何、统计学习和机器学习等。以下是计算机视觉与其他领域的关系图（图 1-1）。

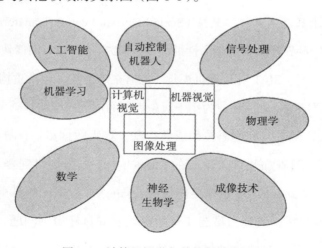

图 1-1　计算机视觉与其他领域的关系

接下来将分别介绍计算机视觉的常见模块及其在各个领域中的应用。

1.1.2　计算机视觉常见模块

众所周知，计算机视觉的快速发展是由于现实生活中有许多问题需要使用相关方案解决。典型的可以利用计算机视觉解决的问题有图像处理、图像分类、目标追踪和场景建模四个模块。每个模块对计算机视觉算法的设计思路和应用都不尽相同。一些更复杂的解决方案往往需要几个模块的结合，或用一种解决方案解决一系列相同的问题。

图像处理

这部分包含了所有基于二维平面图像的计算机视觉处理算法，尤其针对像素级的操作，其感兴趣的往往是整张图片或局部区域像素的强度、梯度等，与图像的具体内容无关。

首先是平面图像的预处理，即在对图像实施具体的计算机视觉算法前，需要一些预处理来使图像满足后续要求。例如，二次采样保证图像的坐标正确；平滑去噪去除设备收集图像时引入的噪声；提高对比度来增强图像的反差效果；将彩色图像转成灰度或二值图像以满足后续处理的要求；进行边缘检测来提取图像中感兴趣的区域，比如在一张含有人脸的图片中把人脸区域直接提取出来；调整图像的尺度空间使图像结构适合局部运动等。

其次是对图像的特征提取，特征可以是线和面，也可以是图像的强度、梯度和纹理等，还可以是比较复杂的角点和局部特征描述点，具体的提取方法在下一章中详细介绍。这些提取的特征点可以用于进行图像或单一物体的识别等。这一步更大的利用价值是为更高级的处理提供图像的特征信息，在下面会介绍。

图像分类

图像分类就属于高级的图像识别，不仅仅是图与图之间的匹配，而且涉及基于内容的图像识别。比如在庞大的图像库中寻找包含某指定内容的所有图片，被指定的内容可以是多种形式，比如自行车。这里的"自行车"属于高级的视觉特征，不同的自行车外观不同的，显然无法通过直观的视觉特征去判断一张图里是否含有自行车。

这里就需要引入深度学习的知识来实现这一目的。通过给神经网络输入大量的含有已经识别过的自行车图案，在样本图片和标准答案的不断"训练"之下，深度神经网络的各项参数不断改变，最后可以"奇妙"地学会识别图片中的内容。就如同人类自己并不完全清楚自己的大脑怎样工作一样，我们也并不完全清楚电脑的深度神经网络到底是怎样完成学习的。

目标追踪

目标追踪指的是基于序列图像对物体运动的跟踪，其本质是建立序列图像中帧与帧之间感兴趣信息的联系，由当前帧与之前帧的状态来判断下一帧中感兴趣信息的状态。目标追踪算法一般是图像处理算法和统计概率学的结合运用，通过图像处理算法提取图像上的特征信息，然后运用概率分析判断其在下一帧图像中出现概率最大的位置。

Lucas-Kanade 光流法是最经典的处理目标物体运动问题的方法之一。光流的研究是利用图像序列中像素强度数据的时域变化和相关性来确定各像素位置的"运动"，即研究图像灰度在时间上的变化与景象中物体结构及其运动的关系。一般情况下，光流是由相机运动、场景中目标的运动或两者的共同运动产生的相对运动引起的。使用光流法有三个前提假设：（1）相邻帧之间的亮度恒定；（2）相邻视频帧的取帧时间是连续的，即相邻帧之间的运动比较微小；（3）保持空间的一致性，即同一子图像的像素点具有相同的运动。然而，在实际应用中，由于遮挡性、多光源、透明性和噪声等原因，使得光流场基本方程的灰度守恒假设不能满足，无法求解出正确的光流场。同时，大多数的光流计算方法相当复杂，计算量巨大，不能满足实时要求，因此，这一方法一般不被对精度和实时性要求比较高的监控系统所采用。

均值漂移是另外一种研究得较为成熟的目标追踪方法。基于均值漂移的目标追踪算法分别计算目标区域和候选区域内像素的特征值概率，从而得到关于目标模型和候选模型的描述。然后利用相似函数度量初始帧目标模型和当前帧候选模型的相似性，选择使相似函数最大的候选模型并得到关于目标模型的均值漂移向量，这个向量正是目标由初始位置向正确位置移动的向量。由于均值漂移算法的快速收敛性，通过不断迭代计算均值漂移向量，算法最终将收敛到目标的真实位置，达到追踪的目的。

更复杂的目标追踪将引入滤波器来估计目标的运动状态，例如基于贝叶斯理论演化而来的卡尔曼滤波器和粒子滤波器。这类目标追踪算法根据先验知识预测对当前测量进行修正（分配给先验知识和当前测量不同的权重），共同决定当前帧的目标运动状态，同时算出当前帧的后验概率为下一帧的预测提供先验知识，如此迭代。具体算法将在第 2 章中介绍。

场景建模

场景建模是指给定一个场景的多幅图像或一段连续的图像视频流，依据图像之间的相互联系，为场景建立一个虚拟的三维坐标系。所以在场景建模中不仅需要知道每张图像中的特征信息，还要知道图像间这些信息的相互联系，使用位姿来表示图像中的物体在不同图像中的位置和方向，也是物体相对于摄像机的位置和方向。实现这一目的的算法定义为即时定位与地图构建（Simultaneous Localization And Mapping，SLAM）。SLAM 发展的起源要追溯到 1988 年，它是指运动物体根据传感器的信息，一边计算自身位置，一边构建环境地图的过程。SLAM 在机器人学领域中被广泛运用，希望机器人从未知环境的未知地点出发，在运动过程中通过重复观测到的地图特征（比如墙角、柱子等）定位自身位置和姿态，再根据自身位置增量式地构建地图，从而达到同时定位和构建地图的目的。所以，SLAM 被定义为一个在建立新地图模型或者改进已知地图的同时，在该地图模型上定位机器人的问题。

根据传感器种类和安装方式的不同，SLAM 的实现方式和难度会有很大差异。按传感器来划分，SLAM 主要可以分为激光和视觉两大类。激光类 SLAM 可以通过激光传感器获得相对于环境的直接距离信息，从而实现直接相对定位，对于激光传感器的绝对定位及轨迹优化可以在相对定位的基础上进行。而现在占有主导地位的还是基于视觉传感器研发的 SLAM 算法。视觉传感器很难获得相对于环境的直接距离信息，而必须通过两帧或多帧图像来估计自身的位姿变化，再通过累积位姿变化计算当前位置。视觉传感器类的 SLAM 也是在增强现实中可以广泛运用的。该类 SLAM 算法的具体实现将会在第 2 章中介绍。

1.1.3 计算机视觉应用领域

计算机视觉在制造业、摄像机监测、医疗诊断、军事、和无人机等领域的各种智能系统中都是不可分割的一部分。

在制造业中，计算机视觉的应用范围包括零件的检测与尺寸测量、产品的瑕疵检查、零件的识别和机械手臂的三维空间定位等。

摄像机监测的应用实例包括：交通系统摄像机对过往车辆的检测和追踪，以及对车牌甚至是车型的检测；具有人脸识别功能的自助过关器在人流量大的海关口岸也得到了广泛应用；在社交网站上，对用户上传的照片进行人脸识别，并判断出这些人是谁。

在医疗诊断中，图像数据通常是以显微镜图像、X 射线图像、血管造影图像、超声图像和断层图像等。计算机视觉被运用于从图像数据中提取有助于的医疗诊断的特征信息，比如检测到的肿瘤、动脉粥样硬化或其他恶性变化，也可以是器官的尺寸和血流量等。这个领域的应用还包括对图像质量的增强，比如降低噪声对图像质量的影响等。

计算机视觉在军事上最常见的应用实例是探测敌方士兵或车辆、导弹制导以及追踪导弹的飞行路线。现代军事概念中的"战场感知"意味着各种传感器，包括图像传感器，它提供了丰富的有关作战场景和可用于支持战略决策的信息。在这种情况下，数据的自动处理可用于减少复杂性和融合来自多个传感器的信息，以提高可靠性。

计算机视觉在无人机领域的应用包括自动驾驶系统通过计算机视觉进行导航和避障，以及智能机器人在仓库中利用 SLAM 技术进行自我定位和判断以自动执行任务。

小结

通过本节对计算机视觉的发展历史、理论知识和应用领域的介绍，可以感受到计算机视觉所蕴含的应用潜力以及光明前景。计算机视觉在过去几十年中的快速发展依赖于计算机硬件计算速度的飞速提升，由此可见，计算机视觉的发展同时依赖于硬件设备和算法优化这两个方面。如何使应用既获得合理的执行速度又不损失足够的精度，是计算机视觉面临的新挑战。

1.2 增强现实概述

增强现实（Augmented Reality，AR）是一种实时计算摄像机影像的位置及角度并加上相应视觉特效的技术。这种技术的目标是把原本在现实世界的一定时间空间范围内很难体验到的实体信息（视觉信息、声音、味道、触觉等），通过计算机技术模拟后叠加，在屏幕上把虚拟影像套在现实场景中，从而达到超越现实的感官体验。

想要实现增强现实技术，需要将计算机视觉相应的算法模块与计算机图形学相结合。计算机视觉在上一节中已经进行了详细阐述。计算机图形学技术用来进行虚拟特效的渲染，虚拟特效的姿态和表现形式往往是根据计算机视觉算法得到的。

计算机图形学主要研究如何在计算机中表示图形，以及利用计算机进行图形的计算、处理和显示的相关原理和算法。狭义地理解，计算机图形学是计算机视觉的逆过程：计算机图形学是用计算机来画图像的学科，计算机视觉是根据获取的图像来理解和识别其中物体的三维信息等。计算机图形学的研究内容非常广泛，其中与增强现实技术联系最紧密的是图形硬件（GPU）加速、特效渲染和动画仿真。现在的渲染技术已经能够将皮肤、树木、花草、水、烟雾、毛发等各种物体渲染得非常逼真。在动画方面，也已经可以实现高度物理真实感的动态模拟，比如人体动画、关节动画以及真实模拟水、气、云、烟雾、爆炸和燃烧等物理现象。好的渲染特效可以确保增强现实技术的良好感官体验。

可以实现增强现实的硬件设备类型有以下几种：手持设备、固定式 AR 系统、头戴式显示器（Helmet Mounted Display，HMD）和智能眼镜等。其中，智能手机和平板电脑是手持设备的代表。这类设备的性能依然在持续进步，显示器分辨率越来越高，处理器越来越强，相机成像质量越来越好，自身带有多种传感器……这些都是实现增强现实必要的组成元素。尽管手持设备是消费者接触增强现实最为直接方便的方式，但由于大部分手持设备不具有可穿戴功能，因此用户无法获得双手解放的增强现实体验。

固定式 AR 系统适用于固定场所中需要更大显示屏或更高分辨的场景。这些极少移动的系统可以搭载更加先进的相机系统，因此能够更加精确地识别人物和场景。此外，显示屏往往更大，分辨率更高，而且受阳光和照明等环境因素的影响较少。比如商家在某大型购物广场用增强现实的形式进行商业推广时，一般会采用这种增强现实硬件设备。

HMD 就像头盔一般，在头盔内部装有一块或多块显示屏。HMD 上通常装有两个甚至更多的摄像头，用于采集真实场景的图像，然后再将这些图像经过校正、拼接后和虚拟物体的画面叠加显示在用户视野中。HMD 通常搭载有自由度很高的传感器，用户可以在前后、上下、左右、俯仰、偏转、滚动六个方向自由移动头部，HMD 会根据用户的头部移动对画面进行相应的调整。图 1-2 中左侧是佳能 MREAL 头戴显示器，右侧是微软推出的智能头盔 HoloLens。

图 1-2　HMD 示例

智能眼镜是带有屏幕、摄像机和话筒的眼镜，用户在现实世界中的视角被增强现实设备截取，增强后的画面重新显示在用户视野中。增强现实画面通过眼镜镜片反射，从而进入眼球。智能眼镜技术最突出的例子是谷歌眼镜和 Vuzix M100。

增强现实系统的输入一般是硬件设备所携带的传感器所感应到的与真实环境有关的信息，最常见的有摄像机获取的图像信息、移动装置的重力感应器和陀螺仪获取的加速度信息等。而增强现实系统的输出一般呈现在屏幕上，由虚拟信息和实时图像叠加而成。

增强现实技术有几个突出的特点：（1）真实世界和虚拟信息的合成；（2）具有实时交互性；（3）在三维尺度空间中定位虚拟物体。正是因为以上几个特点，增强现实技术可以广泛利用在许多领域，比如娱乐、教育和医疗等。接下来将从增强现实的发展历程、表现形式以及典型的应用场景等多个角度对增强现实技术进行详细介绍。

1.2.1　增强现实发展历程

增强现实的历史可以追溯到 1999 年 H. Kato 等发表的论文 "Marker Tracking and HMD Calibration for a Video-based Augmented Reality Conferencing

System"。在论文中，Kato 构建了一个增强现实多人会议系统。AR 使用者佩戴着一个可透光的头盔（HMD），HMD 上的摄像机用来获取实验者眼前的真实场景。HMD 连接着远程工作者的计算机和摄像机。如图 1-3 所示，其中左边为AR 使用者，右边是远程工作者。

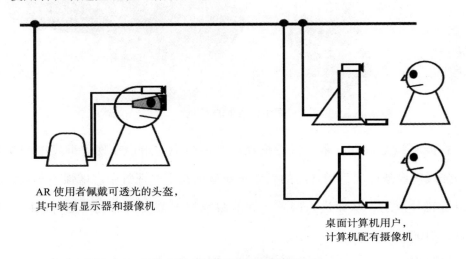

图 1-3　增强现实会议系统模型

系统左侧的 AR 使用者眼前的桌面上有一组识别图，共 6 张，每张识别图代表着一个远程工作者的 ID。这 6 张识别图排列在一张白纸的周围，这张白纸也是一个虚拟的共享白板，AR 使用者可以用一支 LED 笔在上面根据需要写下笔记和图表。图 1-4 展示了 AR 使用者的工作状态。

HMD 中的计算机视觉系统会识别桌上的识别图，然后根据识别图的 ID 与远程工作者们的 ID 一一对应。AR 使用者在 HMD 的屏幕上可以看到，在识别图的上方渲染出远程工作者前方的摄像机输入的实时视频流。并且系统会根据AR 使用者的头部运动来改变渲染出的视频流相应的位置和角度，如图 1-5 所示。同样，白纸上有特定的识别图用于进行虚拟共享白板的跟踪，跟踪原理与跟踪远程工作者识别图相同。

图 1-4　AR 使用者　　　　　　　　　图 1-5　HMD 中的增强现实界面

远程工作者的面前是一台计算机与一台摄像机。摄像机的作用前面已经提到，是为 AR 使用者提供实时的视频流。同时，他们通过计算机屏幕可以看见 AR 使用者眼前的情景，包括虚拟共享白板，远程工作者可以通过鼠标在虚拟共享板上写下自己的意见。

论文中不仅介绍了一套增强现实会议系统的工作流程，而且对增强现实系统普遍运用的计算原理（比如识别图、共享白板的位姿计算和 HMD 摄像机的标定等）也有详细的阐述和推理，其中的具体内容在第 2 章中会详细介绍。

1999 年，推出了以白底黑框图案作为标识图的增强现实系统。这种系统为了加速识别，都使用构图简单的标识图，容错率低，辨识能力差，还必须预先编码并载入程序中。每次改变标识图时，都要重新编译应用程序，给使用者造成很多麻烦。后来，QR Code 作为标识图被应用在增强现实系统中，这种识别图具有识别速度快、格式标准化、容错率高、可负载容量大以及标识图制作简单等优点，使得更多的开发者以此工作流程为模板加入增强现实应用开发的热潮中。在 2010 年，Domhan 成功将增强现实系统在智能手机的 Android 平台上实现，如图 1-6 所示。

图 1-6   手机增强现实系统的工作流程图

2010 年以后，随着硬件设备运算能力的提升，更丰富的计算机视觉算法被应用到增强现实系统中。基于识别图的系统开始可以对更复杂且更具独特性的自然特征图像进行检测识别。无识别图的增强现实系统也逐渐开始普及，应用神经网络算法实现的类别识别以及基于 SLAM 系统实现的对空间的实时定位和检测，拓宽了增强现实技术的应用领域。

1.2.2   增强现实表现形式

上一节中提到，增强现实技术主要依赖于图像的识别技术，而增强现实的表现形式基本上可以分为两类，标记式和无标记式。

标记式

标记式的增强现实系统必须通过事先读取的标识图信息（QR Code、自然特征图像）为系统提供识别标准，并定位相关联的虚拟模型对于标识图的相对位置，之后将虚拟模型叠加在真实画面中呈现在屏幕上。标记式的增强现实也是目前最常见的一种增强现实表现形式。

无标记式

无标记式的增强现实系统不需要特定的标识图，系统可以通过更多样的方法实现虚拟现实特效。

其中一种是基于地理位置服务（LBS）的增强现实系统。LBS 通过电信移动运营商的无线电通信网络（如 GSM、CDMA）或外部定位方式（如 GPS）获取移动终端用户的位置信息（地理坐标），在地理信息系统平台的支持下为用户提供相应服务。这种增值业务包含有两层含义：一是确定移动设备或用户所在的地理位置；二是提供与位置相关的各类信息服务，简称"定位服务"。也就是说，用户用手机定位到当前的地理位置，LBS 可以根据该地理位置显示附近的餐厅、宾馆、电影院等活动场所的名称、地址等相关信息。LBS 的商业模式丰富多样，例如激励用户主动签到来记录自己所在的位置、为用户提供周边生活服务的推广以及建立以地理位置为基础的小型社区等。

将增强现实技术和 LBS 相结合的产品（可以称之为"AR 地图"）也是当下互联网产品中的一大热点。AR 地图的玩法多种多样，比如：AR 地图红包，在不同的地理位置可以用手机扫到不同商家的推广红包；AR 地图导航，在摄像机拍摄的真实街景上叠加直观的虚拟路标，指引用户抵达目的地；AR 实景地图，在摄像机拍摄的真实街景中，把附近与生活服务相关的信息叠加在屏幕上，如图 1-7 所示。

风靡一时的增强现实手机游戏 Pokemon Go，将存在于虚拟世界的宠物小精灵带进了现实生活，其中同样运用了 LBS 定位服务。游戏中的实境景点、口袋站等地标的分布得到了谷歌地图的支持。游戏中的野生口袋妖怪可能出现在不同国家的不同地方，包括街道、建筑、公园、海边等各式各样的区域。关于小精灵的刷新则更有讲究，比如地面系、岩石系、火系、格斗系的小精灵分布受到实境温度、湿度、云覆盖、天气、风向等因素影响，而水系小精灵分布则与河畔、沼泽地、盐水海滩、码头、湿地公园、池塘等地形因素有关，这些基于环境地理的设定为游戏本身平添了诸多乐趣。

图 1-7　AR 实景地图

另外，这款游戏的另一项无标记式的增强现实技术在于，利用手机自身的陀螺仪对玩家进行简单定位，计算用户和口袋妖怪的相对位置关系，从而实现增强现实技术，将憨态可掬的小精灵与真实环境融为一体，呈现在玩家面前，如图 1-8 右边所示。

图 1-8　Pokemon Go 中的增强现实

但是，亦有业内人士对 Pokemon Go 不以为然，认为它不是真正的 AR 产物。因为 Pokemon Go 并没有对环境进行深度检测，而只是将口袋妖怪以一个固定的位姿在手机屏幕上进行渲染。因此，想要实现更接近真实的用户体验，Pokemon Go 可以加入一些 SLAM 技术。SLAM 技术可以通过多种不同的感应器实时认知玩家所在的场景，根据真实场景构建对应的 3D 点云，再通过对 3D 点云的分析来了解现实场景的几何构造，比如哪里是地面、桌面，而哪里又是墙壁。了解这些信息后，就可以在正确的地点生成正确的虚拟模型，以符合现实场景规律的方式让玩家和虚拟模型互动。当玩家看到精灵从地面跳到桌子再跳到自己床上的瞬间，一定非常震撼。再者，真实场景中的口袋妖怪始终和玩家保持着"距离"。当玩家向前移动时，口袋妖怪不会相应地"放大"，反而是偏移了原本的位置。这是由于 Pokemon Go 的定位系统比较简略。如果采用视觉里程计或者 SLAM 的相关技术，玩家就可以近距离观察所有虚拟物体的细节。最后，游戏和玩家的交互模块的效果也有提升的空间。如今语音和手势交互都已经发展到较为成熟的阶段。若加入语音识别功能，玩家便可以呼唤自己喜爱的口袋妖怪，甚至下命令指挥它们；如果用手势识别代替手指滑动来操作精灵球，抛掷精灵球和收服口袋妖怪的体验也会更加逼真。

由 Pokemon Go 的例子可以看出，大多数无标记式的增强现实技术需要依赖于 SLAM 的空间定位和实时检测，才能将虚拟模型和真实环境进行逼真的融合。另外，基于 LBS 或者手机自身的传感器加以定位，也都是实现简略增强现实的渠道。还有一些基于图像识别但不局限于标识图识别的增强现实技术也属于无标记式类，比如文字、车牌、人脸和手势识别等。

依照标识图的有无，增强现实的表现形式可以分为标记式和无标记式。那么，依照硬件设备摄像机的输入数，增强现实的表现形式又可以分为单目和双目两种。

单目

单目即使用一台摄像机的输入图像做计算机视觉算法的处理与输出，常规的智能手机和平板电脑等移动设备都是单目的增强现实硬件设备，当然，现在有些厂商已经推出了带有双摄像头的智能手机。有许多与增强现实相关的计算机视觉算法都可以依赖单目摄像机来完成，比如所有依赖标识图进行检测识别的增强现实技术。

另外一个单目增强现实系统的典型应用是人脸识别。现在人脸识别算法已经比较成熟，可以实现对输入图像视频流中存在的人脸进行实时检测和跟踪，并定位每个人脸中双眼、鼻子和嘴角的位置坐标。基于这种成熟的人脸识别技术，相关的增强现实产品也应运而生。眼镜商家推出了 AR 眼镜试戴平台，客户可以随时随地用手机 App 试戴不同的眼镜产品，如图 1-9 所示。除了试戴功能，有的试戴平台甚至还开发出了自动测量瞳距和脸型识别等功能，为客户个性化地推荐合适的眼镜尺寸和款式。

图 1-9　AR 眼镜试戴

双目

顾名思义，双目的增强现实系统需要两台摄像机的视频流输入。双目增强现实往往被应用于需要对真实环境进行场景检测或者三维重建的应用中。许多基于单目的计算机视觉算法，都是通过在初始化时将摄像头平移一小段距离，用平移前与平移后的两幅图像进行三角化，来估算图中特征的深度信息。相比于单目系统，双目系统可以更直接地对真实环境中所需特征的深度信息进行更精确的计算和优化。这一部分在第 2 章的双目摄像机立体视觉系统和 SLAM 中都会有具体介绍。

1.2.3　增强现实应用领域

增强现实在很多场合都可以发挥其对真实环境进行增强显示输出的特点，下面分别介绍 AR 在不同领域中的典型应用。

（1）医疗领域

通过虚拟的 X 光将病人的内脏器官投影到他们的皮肤上，轻易地对需要进行手术的部位进行精确定位。此外，增强现实也是医生新手学习手术实操的一大助手，用增强现实技术进行手术模拟时，医生的视线里还会显示出手术步骤以供参考。

（2）旅游和展览领域

游客在参观展览时，通过增强现实设备可以看到与展览品或者古建筑有关的更详细的信息说明；参观古迹时，可以通过纪实视频与真实景点的叠加来还原历史的原貌；参观文物时，可以通过增强现实对破旧的或者被破坏的古物的残缺部分进行虚拟重构。

（3）视频摄录领域

对拍摄的视频流进行人脸识别，为视频流中出现的人脸叠加一些可爱、有趣的虚拟动画，提升了视频的趣味性。现在已经有很多 App 推出了类似功能，如 FaceU 和 B612 等，深受用户喜爱。

（4）工业维修领域

通过显示器将多种辅助信息显示给用户，包括虚拟仪表的面板、被维修设备的内部结构和零件图对照等。

（5）地图导航领域

在上一节中已经介绍过，将增强现实技术与 LBS 相结合，将道路和街道的名字及其他相关信息一起标记到现实地图中。现在也有汽车配件的商家将目的地方向、天气、地形和路况等交通信息投影到汽车的挡风玻璃上来实现增强现实的应用。

（6）科技教育领域

将文本、图像、视频和音频叠加在教科书上，让学生在阅读的过程中用增强现实设备对准书目，通过更加丰富生动的方式了解书中的知识。例如地理课本上出现一个模拟的立体地球仪以供旋转和放大，又或者某一地理现象可以用一段视频进行附加讲解说明。

（7）游戏娱乐领域

游戏行业是所有最新技术首先会涉足的行业之一。除了基于 LBS 增强现实的 Pokemon Go，基于头戴式设备的增强现实游戏形式被广泛看好。玩家可以在真实的环境中与叠加的虚拟游戏进行互动，实现很好的沉浸式体验。同时，增强现实游戏也可以让位于全球不同地点的玩家，共同进入一个真实的自然场景，以虚拟替身的形式进行网络对战。

（8）商业广告领域

这是如今增强现实应用最广泛的领域之一。增强现实所展示出的特效变化无穷，可以很好地达到吸引眼球和激起用户兴趣的作用，这与广告推销的目的不谋而合。最直接的应用方式便是以上提到的虚拟试戴。虚拟试戴（试穿）已开始应用于珠宝、眼镜、手表、服装、箱包和鞋帽行业，同时在美容、美发和美甲领域也出现了虚拟试妆应用。虚拟试戴（试穿）可以把虚拟产品叠加到客户的动态影像上，人体动作与虚拟产品同步交互，展示出逼真的穿戴或试妆效果。目前，虚拟试戴（试穿）系统主要用于成品和定制品的电商业务，通过互联网，在不易接触实物的情况下使用技术手段模拟最终效果。在商业实体店中，使用虚拟试戴（试穿）技术可以大大提高店面的驻足率、成交率和美誉度。这种应用既为客户提供了良好的体验，也大幅改进了销售和服务模式。

用 AR 技术实现家具的任意摆放是 AR 的典型应用之一。消费者可以使用移动设备把所选的模拟家具放置在自己的居室内，从而更方便地测试家具的尺寸、风格、颜色和位置等。该应用还允许用户根据需要改变家具的尺寸和颜色，如图 1-10 所示。

图 1-10　家具摆放的增强现实应用

小结

本节介绍了增强现实的历史以及发展到现在已经具备的表现形式和应用领域，可以看出，增强现实对未来人们的生产方式和社会生活将产生巨大影响。

增强现实的优势并不在于游戏娱乐，而是可以满足实际需求的职业应用，这些应用看起来更加贴近现实。当然，想要实现增强现实的大众化，还有许多挑战需要克服，例如：在智能手机上运行增强现实软件时，计算机视觉算法和三维引擎渲染会快速消耗电量；在室内环境对精确定位的技术要求更高；可穿戴式设备仍然过于沉重，并不适合长时间佩戴。

第 2 章 | *Chapter 2*

增强现实理论基础

2.1 增强现实理论基础简介

本章将对增强现实技术中所涉及的计算机视觉基础知识、摄像机对现实场景的理解和一些经典计算机视觉算法进行详细介绍，包括目标的检测与识别以及对目标的跟踪定位等。

目标的检测与识别的目的是发现并找到场景中的目标，并通过计算确定它在真实场景中的位置，进而才能够与渲染的虚拟影像相叠加。在增强现实中，目标一般指代的是一件立体物体或一幅图像，通过目标检测和识别可以实现标记式的增强现实。目前，检测和识别技术的难点在于目标的碎片化，对立体物体来说，每一件立体物体都有其独有的特征，而不同特征的提取和处理都要实现一一对应，这对检测和识别是巨大的挑战。就平面图像而言，平面图像本身还受到噪声、尺度、旋转和光照等因素的影响，在不同的环境下特征的表现可能各不相同。本章将会介绍几种目标检测和识别的经典算法，它们都具有一定的实用性。

对目标的跟踪定位算法一般采用实时检测与先验知识优化相结合的方式解决跟踪精度的问题。在小范围的特定场景中，模板匹配是一种速度快、数据量小且系统简单的跟踪定位算法，但是图像本身的噪声、尺度、旋转和光照等变化会对追踪精度造成较大影响。在大场景下，一般使用 SLAM 算法进行处理。其优点是不需要预存场景，可以跟踪较大范围，使用面广，在跟踪的同时可以完成对场景结构的重建。但目前这类技术计算速度慢、数据量大、算法复杂度高，对系统的要求也较高。在手机上普及还需要对算法做一些精简，但同时会损失精度。

本章所介绍的基础图像处理知识以及一些计算机视觉算法，用代码进行实现时大多数可以直接调用一套基于 C/C++ 语言的开源图像处理函数库——OpenCV。凡是跟图像处理相关的技术都可以通过 OpenCV 协助完成。OpenCV 中包含了许多模块，不同模块负责处理的计算机视觉问题都不相同。主要模块如下：

- ❑ core：存储图像信息的结构、图像的绘画、图像文件的处理、调用摄像机。
- ❑ imgproc：基础图像处理，包括旋转缩放、灰度图和二值图转换、边缘检测等。
- ❑ calib3d：图像校正。
- ❑ video：视频分析、视频目标追踪、视频背景消除等。
- ❑ features2d：图像局部特征点提取、计算描述子等。
- ❑ objdetect：物体检测。
- ❑ highgui：简单的界面、键盘输入等功能。
- ❑ ml：机器学习相关算法。
- ❑ gpu：通过 GPU 处理图像的函数。
- ❑ flann：高维度的特征处理算法。

本章会直接给出一些基础的计算机视觉算法使用 OpenCV 函数的 C++ 调用方式，方便读者进行实践时快速调用。

2.2　增强现实的摄像机空间理论

增强现实世界与摄像机的运用密不可离。众所周知，存在于摄像机内部的感光耦合组件能够获取外部世界的图像的信息，但只能是二维的平面图像信息。而增强现实是一个三维的动画世界，增强现实系统能够感知镜头前的被跟踪实物在 X、Y、Z 轴三个方向上的活动状态，与此同时呈现出相应的动画特效。增强现实系统之所以可以达到这个目的，是因为它会将摄像机获取的外部世界图像通过矩阵变换，重构出一个虚拟的三维空间。该空间以摄像机为坐标原点，称为摄像机坐标系。相对地，我们一般以镜头前的目标实物为原点，建立真实世界的坐标系，称为世界坐标系。厘清摄像机坐标系和世界坐标系之间的关系，是增强现实系统开发的基础和重点。

因此，本节分为三个部分。首先是还原摄像机在采集图像时的原理模型，并且介绍必要的参数及其在摄像机成像中的作用。其次，根据摄像机的原理模型，推导出摄像机坐标系和世界坐标系之间的变换关系，该变换关系用投影矩阵的形式表达。投影矩阵由两个矩阵相乘而来，分别称作摄像机内部矩阵和外部矩阵。最后将介绍双摄像机增强现实系统是如何实现两个摄像机的分工和配合的。

2.2.1　摄像机透视模型

众所周知，摄像机运用棱镜将获取到的图像通过小孔成像的方式缩小倒立着呈现在摄像机内部的感光组件上。现在主流的摄像机都是运用感光耦合组件（CCD）作为感光组件，感光耦合组件是一种带有许多排列整齐的电容的集成电路，能够感应光线。图 2-1 是摄像机棱镜的小孔成像透视原理图。

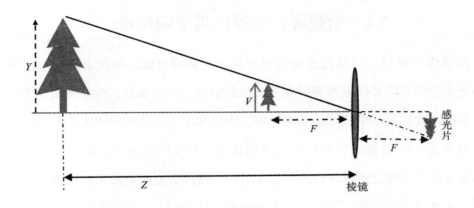

图 2-1 摄像机棱镜的小孔成像透视原理图

图 2-1 描述了摄像机棱镜的小孔成像在 Y 方向上的模型图，下面来还原真实世界中实物上的一点 $M(X, Y, Z)$ 在摄像机感光片上投影的模型图。

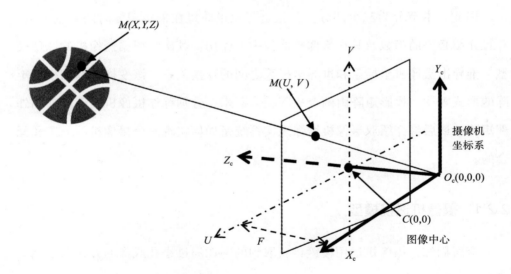

图 2-2 摄像机棱镜三维投影原理图

其中 F 为焦距，焦距是棱镜与摄像机感光片上投影出的图像的距离。U、V 坐标轴与图像中心 C 共同构成了摄像机内部投影得到的平面图像。O_c 为摄像机坐标系的原点，对应的三个轴分别为 X_c、Y_c、Z_c，其中 Z_c 称为主坐标轴，代表垂直于图像方向。

结合图 2-1 与图 2-2，不难得出 $U=F\times X/Z$ 和 $V=F\times Y/Z$ 的关系。

由图 2-2 还可以看出，一个三维物体从真实环境中被采集，直到在一个平面图像上呈现，需要经过两个步骤。第一步是将三维物体上的一个点 (X_w, Y_w, Z_w)（即世界坐标系的一点）通过在三个轴上的旋转以及位移变换，得到其在摄像机坐标系中的位置 (X_c, Y_c, Z_c)。旋转及位移变换是通过矩阵计算来实现的，具体的计算方法将在下节讲解。第二步是将该点的摄像机坐标系位置通过摄像机自身的投影矩阵投影到平面图像上，也就是我们在显示屏上所看到的图像。

2.2.2 摄像机参数矩阵

摄像机的参数矩阵分为外部参数矩阵和内部参数矩阵，两个矩阵分别作用于三维世界坐标转换为平面图像坐标的第一步和第二步。

外部参数矩阵

外部参数矩阵本质上是两个三维坐标系的转换矩阵。此处想要得到的是世界坐标系到摄像机坐标系之间的转换。定义如下：

$P_w=(X_w, Y_w, Z_w)^T$ 为世界坐标系中的坐标。

$P_c=(X_c, Y_c, Z_c)^T$ 为摄像机坐标系中对应的坐标。

R_{cam} 是摄像机在世界坐标系中的旋转角度。

T_{cam} 是摄像机在世界坐标系中的位移量。

R_c 是作用于 P_w 并将其转换到摄像机坐标系的旋转矩阵，$R_c=(R_{cam})^{-1}$。

T_c 是同样作用于 P_w 的位移矩阵，$T_c=T_{cam}$。

其中 $R_c=\begin{pmatrix} r_{11} & r_{12} & r_{13} \\ r_{21} & r_{22} & r_{23} \\ r_{31} & r_{32} & r_{33} \end{pmatrix}$，$T_c=\begin{pmatrix} t_1 \\ t_2 \\ t_3 \end{pmatrix}$。

由图 2-2 可得，将摄像机坐标系进行一定角度的旋转后位移，可以与世界坐标系完全重合。因此，$P_w=R_{cam}P_c+T_{cam}$，还可得出 $P_c=(R_{cam})^{-1}(P_w-T_{cam})=R_c(P_w-T_c)$。

首先假定该转换的位移变换为 0，仅有旋转变换，即 $P_c=R_cP_w$。本节中的推算将按照先旋转 Z 轴、然后 Y 轴，最后 Z 轴的方式。假定只旋转 Z 轴，旋转角度为 θ_z，不旋转 X 轴和 Y 轴，即 $\theta_x=0$，$\theta_y=0$，见图2-3。

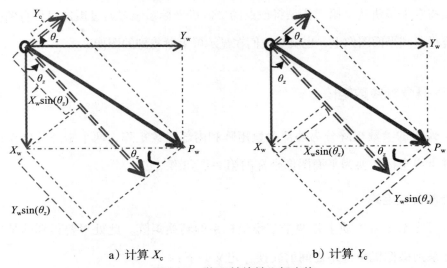

a）计算 X_c b）计算 Y_c

图 2-3　绕 Z 轴旋转坐标变换

如图，计算结果为

$$X_c=X_w\cos(\theta_z)+Y_w\sin(\theta_z)$$

$$Y_c=-X_w\sin(\theta_z)+Y_w\cos(\theta_z)$$

$Z_c=Z_w$，因为 Z 轴上的值没有任何变化。因此，若只旋转 Z 轴，$P_c=R_cP_w$ 可以写成

$$\begin{pmatrix} X_c \\ Y_c \\ Z_c \end{pmatrix}=R_z\begin{pmatrix} X_w \\ Y_w \\ Z_w \end{pmatrix}=\begin{pmatrix} \cos(\theta_z) & \sin(\theta_z) & 0 \\ -\sin(\theta_z) & \cos(\theta_z) & 0 \\ 0 & 0 & 1 \end{pmatrix}\begin{pmatrix} X_w \\ Y_w \\ Z_w \end{pmatrix}$$

这说明了世界坐标系中的一个坐标点（矢量）会以 $P_c=R_cP_w$ 的形式出现在摄像机坐标系中。P_w 和 P_c 表示的是同一个坐标点在不同坐标系中的位置。同

理可以得出另外两种情况下的旋转矩阵。

只旋转 Y 轴（$\theta_x=0$, $\theta_z=0$）：

$$\begin{pmatrix} X_c \\ Y_c \\ Z_c \end{pmatrix} = \boldsymbol{R}_y \begin{pmatrix} X_w \\ Y_w \\ Z_w \end{pmatrix} = \begin{pmatrix} \cos(\theta_y) & 0 & -\sin(\theta_y) \\ 0 & 1 & 0 \\ \sin(\theta_y) & 0 & \cos(\theta_y) \end{pmatrix} \begin{pmatrix} X_w \\ Y_w \\ Z_w \end{pmatrix}$$

只旋转 X 轴（$\theta_y=0$, $\theta_z=0$）：

$$\begin{pmatrix} X_c \\ Y_c \\ Z_c \end{pmatrix} = \boldsymbol{R}_x \begin{pmatrix} X_w \\ Y_w \\ Z_w \end{pmatrix} = \begin{pmatrix} 1 & 0 & 0 \\ 0 & \cos(\theta_x) & \sin(\theta_x) \\ 0 & -\sin(\theta_x) & \cos(\theta_x) \end{pmatrix} \begin{pmatrix} X_w \\ Y_w \\ Z_w \end{pmatrix}$$

按照之前规定的先 Z 轴、然后 Y 轴、最后 Z 轴的旋转方式，将 $\boldsymbol{P}_w$ 旋转到 $\boldsymbol{P}_c$ 的旋转变换可以总结为

$$\begin{pmatrix} X_c \\ Y_c \\ Z_c \end{pmatrix} = \boldsymbol{R}_{c(xyz)} = \boldsymbol{R}_x \boldsymbol{R}_y \boldsymbol{R}_z \begin{pmatrix} X_w \\ Y_w \\ Z_w \end{pmatrix}$$

$$= \begin{pmatrix} 1 & 0 & 0 \\ 0 & \cos(\theta_x) & \sin(\theta_x) \\ 0 & -\sin(\theta_x) & \cos(\theta_x) \end{pmatrix} \begin{pmatrix} \cos(\theta_y) & 0 & -\sin(\theta_y) \\ 0 & 1 & 0 \\ \sin(\theta_y) & 0 & \cos(\theta_y) \end{pmatrix} \begin{pmatrix} \cos(\theta_z) & \sin(\theta_z) & 0 \\ -\sin(\theta_z) & \cos(\theta_z) & 0 \\ 0 & 0 & 1 \end{pmatrix} \begin{pmatrix} X_w \\ Y_w \\ Z_w \end{pmatrix}$$

$$= \begin{pmatrix} \cos(\theta_y)\cos(\theta_z) & \cos(\theta_y)\sin(\theta_z) \\ \cos(\theta_z)\sin(\theta_x)\sin(\theta_y) - \cos(\theta_x)\sin(\theta_z) & \cos(\theta_x)\cos(\theta_z) + \sin(\theta_x)\sin(\theta_y)\sin(\theta_z) \\ \sin(\theta_x)\sin(\theta_z) + \cos(\theta_x)\cos(\theta_z)\sin(\theta_y) & \cos(\theta_x)\sin(\theta_y)\sin(\theta_z) - \cos(\theta_z)\sin(\theta_x) \end{pmatrix}$$

$$\begin{pmatrix} -\sin(\theta_y) \\ \cos(\theta_y)\sin(\theta_x) \\ \cos(\theta_x)\cos(\theta_y) \end{pmatrix} \begin{pmatrix} X_w \\ Y_w \\ Z_w \end{pmatrix}$$

推理得出旋转矩阵 $\boldsymbol{R}_c$ 后，继续添加位移矩阵 $\boldsymbol{T}_c$，最终得出外部参数矩阵。我们已经知道 $\boldsymbol{T}_c=(t_1, t_2, t_3)$，三个数分别代表点在三个轴方向上的位置值。由 $\boldsymbol{P}_c=\boldsymbol{R}_c(\boldsymbol{P}_w+\boldsymbol{T}_c)$，能够得到

$$\begin{pmatrix} X_c \\ Y_c \\ Z_c \\ 1 \end{pmatrix} = \begin{pmatrix} \boldsymbol{R}_c & -\boldsymbol{R}_c * \boldsymbol{T}_c \\ 0 & 1 \end{pmatrix} \begin{pmatrix} X_w \\ Y_w \\ Z_w \\ 1 \end{pmatrix} = \boldsymbol{M}_{ext} \begin{pmatrix} X_w \\ Y_w \\ Z_w \\ 1 \end{pmatrix}$$

$\boldsymbol{M}_{ext}$ 即为我们想要求得的摄像机外部参数矩阵。这里需要注意的一点是，该矩阵通常用 4×4 的规格，最后一行用（0 0 0 1）来填充，相应的 $\boldsymbol{P}_c$ 和 $\boldsymbol{P}_w$ 都要在最后多添一个"1"来补足位后再进行矩阵运算。这是因为在使用不同数学工具进行运算或者将该矩阵输入三维引擎进行渲染的时候，每种工具对矩阵行和列的读取顺序不一样。此处的 $\boldsymbol{M}_{ext}$ 是按照列的顺序读取的。若其他地方按照行的方式读取，则需要在最后一列补足"0"和"1"。

内部参数矩阵

摄像机内部参数矩阵的作用是将摄像机坐标系下的三维物体投影到一个二维平面图像上，该图像即为我们在屏幕上所见的图像。二维平面图像一般是以像素为单位计算长和宽。内部参数包含如下几个：焦距 F（米），单个像素宽 s_x 和高 s_y（米），焦距 $f=F/s$（像素），图像中心点（O_x, O_y）（像素），棱镜的畸变参数 k（一般可以忽略）。CCD 接收到的图像的平面示意图如图 2-4 所示。

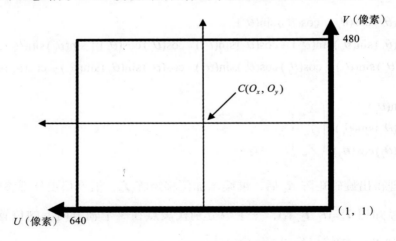

图 2-4　CCD 平面示意图

图像以像素单位定义，长宽不存在负值，因此图像原点以（1，1）为起始点，CCD 中点 $C(O_x, O_y)$ 为（320，240）。回顾图 2-1，可以得到平面图像上的一点（x，y）有 $x=F\times X_c/Z_c$，$y=F\times Y_c/Z_c$。其中 x、y、F 都是以米为单位。转化为像素单位为 $u=(F/s_x)\times(X_c/Z_c)+o_x$，$v=(F/s_y)\times(Y_c/Z_c)+o_y$。

由以上各式可得，同一个平面点的像素单位表示（u，v）与常规单位（x，y）（米）之间的关系为 $u=x/S_x+O_x$，$v=y/S_y+O_y$。

内部参数矩阵的作用是将摄像机坐标系中的点 $P_c=(X_c, Y_c, Z_c)$ 投影到平面图上对应的位置（u，v）。$Z_c\times u=f_x X_c+o_x Z_c$，$Z_c\times v=f_y Y_c+o_y Z_c$，其中 f 是单位为像素的焦距，$Z_c=s$，转换为矩阵的表达形式，可以得到

$$\begin{pmatrix} s\times u \\ s\times v \\ s \end{pmatrix}=\begin{pmatrix} f_x & 0 & o_x \\ 0 & f_y & o_y \\ 0 & 0 & 1 \end{pmatrix}\begin{pmatrix} X_c \\ Y_c \\ Z_c \end{pmatrix}=\boldsymbol{M}_{\text{int}}\begin{pmatrix} X_c \\ Y_c \\ Z_c \end{pmatrix}$$

$\boldsymbol{M}_{\text{int}}$ 即所求内部参数矩阵。

一般来说，摄像机的内部参数矩阵是未知的，需要人工测量得到。人工测量得到摄像机内部参数矩阵的过程称为摄像机校准。

现在，摄像机的外部和内部参数矩阵都已经得出，将它们组合起来就可以得到一套完整的增强现实系统的摄像机空间成像理论（图 2-5）。

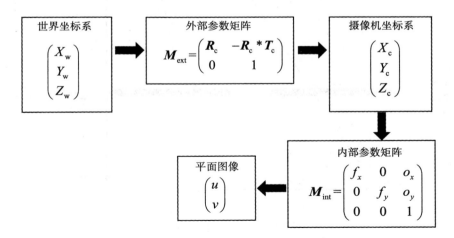

图 2-5 增强现实系统摄像机空间坐标系投影流程

2.2.3 双目摄像机立体视觉系统

一些搭载运算能力强的处理器的增强现实系统，会采用两个摄像机同时运行来感知周围的环境。双目摄像机组成的视觉系统的优势显而易见，双目系统相比于单目系统可提取到更多与真实世界环境有关的信息，尤其是目标实物的深度信息。双目视觉系统甚至还可以在摄像机校准不精确的情况下正常还原虚拟观测点的深度，将人为造成的误差降到最低。在提升计算机视觉算法的精确度的同时，还可以配合实现更多的增强现实特效。图 2-6 描述了一套简单的立体成像系统。

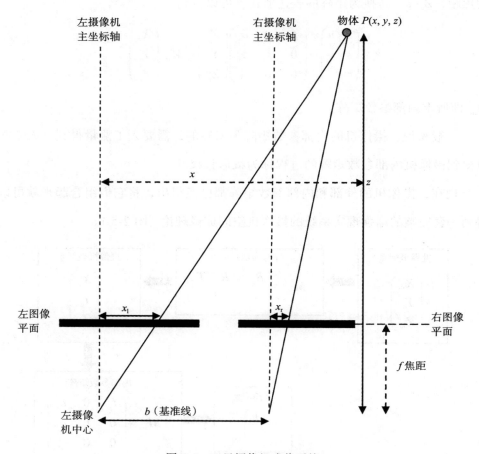

图 2-6　双目摄像机成像系统

通过三角化原理，可以知道实物深度 z 和视差 $d=x'_1-x'_r$ 之间的关系。

$$\frac{x}{z}=\frac{x'_1}{f},\ \frac{(x-b)}{z}=\frac{x'_r}{f}\ ,\quad z=\frac{fb}{(x'_1-x'_r)},\quad x=\frac{x'_1 b}{(x'_1-x'_r)}$$

值得深究的是和 x'_1 和 x'_r 之间的关系。两个摄像机从不同的角度拍摄同一物体（点 P），点 P 分别投影在左图像平面和右图像平面，两个投影位置之间一定存在着某种对应关系，换句话说，左图像和右图像存在着对应关系。本节的目的即描述双目成像系统的左右平面图像的对应关系，描述的工具是对极几何，它也是研究立体视觉的重要数学方法（图 2-7）。

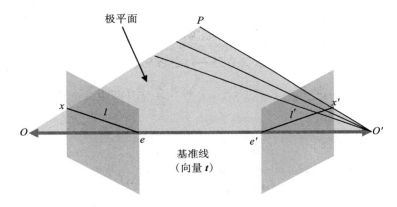

图 2-7　对极几何示意图

对极几何中的定义如下。

❑ 极点：极点 e 为左摄像机坐标原点在右像平面上的像；极点 e' 为左摄像机坐标原点在右像平面上的像。

❑ 极平面：由两个摄像机坐标原点 O、O' 和物点 P 组成的平面。

❑ 极线：极平面与两个像平面的交线，即 l 和 l'。

极线约束是立体视觉中的一个重要概念，在左右摄像机画面中寻找同一点 P 时，希望避免在整张图像中搜索，因此极线约束将搜索范围减小到一条线上。因此，P 在左平面的投影点 x，在右平面的对应点一定在于极线 l' 上。

假设极线的表达式为 $ax+by+c=0$，其中极线 l 用向量表示为 $l = \begin{pmatrix} a \\ b \\ c \end{pmatrix}$。

如果点 x 在在极线 l 上，那么有 $x^{\mathrm{T}}l=0$。

计算极线 l'，需要借助本质矩阵 E。本质矩阵 E 是一个 3×3 的矩阵。在其中一个画面上的点 x，乘以本质矩阵可以得到另一画面的极线，即 $Ex=l'$。

以下是求证过程。因为 x 和 x' 是同一世界三维坐标点 P 分别在左摄像机坐标系和右摄像机坐标系中的点，所以由本章前面的原理（摄像机与摄像机坐标系之间的转换与世界坐标系与摄像机坐标系的转换类似），可以得到 $x'=R(x-t)$。由上可知三个向量 x、t、x' 共面，那么 $x^{\mathrm{T}}(t\times x)=0$ 成立，同时 $(x-t)^{\mathrm{T}}(t\times x)=0$ 也成立。

回顾叉乘运算公式，$a\times b = \begin{pmatrix} a_2b_3 - a_3b_2 \\ a_3b_1 - a_1b_3 \\ a_1b_2 - a_2b_1 \end{pmatrix}$。也可以写成矩阵相乘的形式：

$$a\times b = [a]_\times b = \begin{pmatrix} 0 & -a_3 & a_2 \\ a_3 & 0 & -a_1 \\ -a_2 & a_1 & 0 \end{pmatrix}\begin{pmatrix} b_1 \\ b_2 \\ b_3 \end{pmatrix} \quad (反号对称)$$

可以推出，$(x'^{\mathrm{T}}R)(t\times x)=0$，即 $(x'^{\mathrm{T}}R)([t]\times x)=0$。因此 $x'^{\mathrm{T}}(R[t]_\times)\,x=0$。最终得到左右两平面中同一投影点的对应关系 $x'^{\mathrm{T}}Ex=0$。这个关系又被称为 Longuet-Higgins 方程。

综上，由 $x'^{\mathrm{T}}l'=0$ 和 $x'^{\mathrm{T}}Ex=0$ 可得 $l'=Ex$。同理可得 $l=E^{\mathrm{T}}x'$。

同时还可以得出另外的结论：$e'^{\mathrm{T}}E=0$，$Ee=0$。

在左右摄像机已经校准的情况下（即两个摄像机内部参数矩阵已知），利用本质矩阵可以描绘出 x 和 x' 之间的对应关系。但是如果两个摄像机没有被校准过，x 和 x' 之间的对应关系依然可以求得，这里利用基本矩阵 F 来表示。基本矩阵 F 是本质矩阵 E 的衍生物。有了基本矩阵，便可以用两个未标定的摄像机创造立体视觉系统。

在 $x'^{\mathrm{T}}Ex=0$ 中，用标准化后的平面图像坐标点 $u=(u，v，1)^{\mathrm{T}}$ 来表示 x，则有 $u=M_{\mathrm{int}}x$，即 $x=(M_{\mathrm{int}})^{-1}u$。所以 $x'^{\mathrm{T}}Ex=0$ 可以改写成 $u'^{\mathrm{T}}M_{\mathrm{int\_u}}EM_{\mathrm{int\_u}}u=0$，令 $F=M_{\mathrm{int\_u'}}EM_{\mathrm{int\_u}}u$，得到基本矩阵 F 的表达式。

下面利用 8 点算法（匹配点对 $n \geqslant 8$）求解 F 矩阵。

假设 n 为左右平面图像坐标配对的特征点组数（平面图像特征点提取与配对会在之后的章节中详细介绍，比如 SIFT 和 ORB 描述子匹配）。

左平面图像中的点为 $(u_1(i)\ v_1(i)\ 1)^{\mathrm{T}}$，右平面图像中的点为 $(u_2(i)\ v_2(i)\ 1)^{\mathrm{T}}$，其中 $i=1，\cdots，n$。

不难得到基本矩阵 F 与本质矩阵 E 维度相同，$F = \begin{pmatrix} f_{11} & f_{12} & f_{13} \\ f_{21} & f_{22} & f_{23} \\ f_{31} & f_{32} & f_{33} \end{pmatrix}$。

已知 $(u_2(i)\ v_2(i)\ 1)*F*(u_1(i)\ v_1(i)\ 1)^{\mathrm{T}}=0$，展开上式，得到

$$u_2u_1f_{11}+u_2v_1f_{12}+u_2f_{13}+v_2u_1f_{21}+v_2v_1f_{22}+v_2f_{23}+u_1f_{31}+v_1f_{32}+f_{33}=0$$

重写 F 的表达式，使之成为一维向量，那么

$$F=(f_{11}\ f_{12}\ f_{13}\ f_{21}\ f_{22}\ f_{23}\ f_{31}\ f_{32}\ f_{33})^{\mathrm{T}}$$

所以

$$AF=\begin{pmatrix} u_2(1)u_1(1) & u_2(1)v_1(1) & u_2(1) & v_2(1)u_1(1) & v_2(1)v_1(1) & v_2(1) & u_1(1) & v_1(1) & 1 \\ \vdots & \vdots & \vdots & \vdots & \vdots & \vdots & \vdots & \vdots & \vdots \\ u_2(n)u_1(n) & u_2(n)v_1(n) & u_2(n) & v_2(n)u_1(n) & v_2(n)v_1(n) & v_2(n) & u_1(n) & v_1(n) & 1 \end{pmatrix}F=0$$

矩阵 A 的秩为 8，所以至少需要 8 个点才能求解矩阵 A。

接下来需要求解齐次线性方程组 $AF=0$ 的最小二乘解。这个问题其实是和 $\min\|AF\|$ 等价的。通解 $F=0$ 并不是我们感兴趣的解，因此要寻求该方程组的非零解。值得注意的是，如果 F 是这个方程组的解，那么对于任何标量 k，kF 也是该方程组的解。因此可以建立一个合理的约束 $\|F\|=1$ 的解。所以求解齐次线性方程组的最小二乘解的问题可以描述为：求使 $\|AF\|$ 最小化并且满足 $\|F\|=1$ 的 F。

对矩阵 A 进行奇异值分解，令 $A=UDV^T$，那么问题变成求使 $\|UDV^TF\|$ 最小且 $\|F\|=1$ 的解。因为矩阵 U 不影响范数，所以 $\|UDV^TF\|=\|DV^TF\|$；同理，矩阵 V 不影响范数，所以 $\|F\|=\|V^TF\|$。那么上式可以改写为 $\min\|DV^TF\|$ 且 $\|V^TF\|=1$。令 $\|y\|=1$，则进一步变为 $\min\|Dy\|$ 且 $\|y\|=1$。

由奇异值分解规则可知，D 是一个对角矩阵，对角线上元素是按降序排列的，因此该问题的解是 $y=(0，0，\cdots，1)^T$，此时 $\|Dy\|$ 的值最小。

所以齐次线性方程组 $AF=0$ 的最优解就是 V 的最小奇异值对应的列向量，$F=V^Ty$。最后将 F 从 9×1 的向量转变为 3×3 的矩阵即为所求基本矩阵 F。

小结

本节主要介绍了增强现实系统中，与摄像机有关的几个坐标系之间的相互关系。

其中，世界坐标系的点经过平移和旋转之后（即在外部参数矩阵的作用下），可以在摄像机坐标系上找到对应的点，摄像机坐标系又可以通过内部参数矩阵，将摄像机坐标系上的三维点投影到平面图像上，该平面图像一般就是我们在增强现实系统的屏幕上所看到的画面。厘清三个坐标系之间的投影关系是很重要的，这不仅是计算机图形学的基础，能帮助我们更好地了解摄像机的工作原理，同时在增强现实中的图像跟踪和位姿矩阵预测模块中都会有大量应用。

至于由双摄像机共同组成的立体视觉系统，我们引入了对极几何的概念来进行描述。通过本质矩阵 E，可以确定同一点 P 在左摄像机坐标系和右摄像机坐标系中位置的转换关系。通过基本矩阵 F，可以实现在不知道左右摄像机内部参数矩阵的情况下，左摄像机平面图像上的点和右摄像机平面上对应点之间的位置转换关系。双摄像机协同工作在 SLAM 系统中有着重要的应用，在本章的后半部分有详细介绍。

2.3　图像处理基本原理

本节将对上一节中提到的增强现实系统的感光元件组收集到的图像及所包含的相关信息做进一步解释，并且介绍了一些基本的图像预处理方法。

由摄像机所获得的图像称为数字图像，其本质上是由包含单个元素的二维数组构成的，这其中的单个元素称为像素。图像分辨率指的是一张数字图像中包含的像素数。色彩深度指的是表示每个像素所用的比特数。根据每个像素所包含的色彩深度的不同，数字图像一般可以分为二值图像（1bit/pixel）、计算机图形（4bit/pixel）、灰度图像（8bit/pixel）和彩色图像（16、24 或者更多 bit/pixel）。在增强现实领域的计算机视觉中，接触最多的是彩色图与灰度图。

本节首先对从摄像机提取的原始图像进行色彩分析，包括不同的色彩模型。接着介绍一张输入图像在进行计算机视觉算法运算之前，需要做的预处理，包括将三通道彩色图转换为单通道灰度图，对灰度图进行截取与缩放，以及利用更复杂的滤波器消除噪声等。

2.3.1　数字图像的色彩模型

彩色图像便是从摄像机中提取的原始图像。数字彩色图像含有三原色，分别为红、黄、蓝。我们在计算机视觉中可以看到的所有图像都可以由三原色根据不同比例叠加而成，此处的比例用光的强度表示（图 2-8）。将三原色进行一定的强混合可以得到白色。

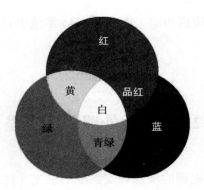

图 2-8　色彩三原色

色彩模型又称为色彩空间或者色彩系统，是色彩表现的标准形式。常见的色彩模型有 RGB 色彩模型和 YUV 色彩模型。下面将对两种色彩模型的表现形式进行具体介绍。

RGB 色彩模型

这个色彩模型是基于笛卡儿坐标系的模型（图 2-9）。

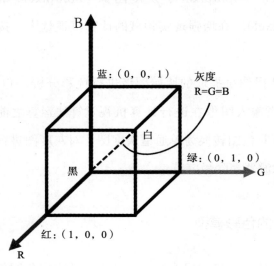

图 2-9　RGB 色彩模型

在 RGB 色彩模型中，一张彩色图像是由三张分别代表三原色的图像组合而成的（三通道）。每一张表示红绿蓝的原色图像都是一张色彩深度为 8 的数字图像。因此，每个 RGB 像素的色彩深度为 24。这种 RGB 图像又称为全彩色图像。若要将 RGB 存储的图像转换成灰度图像，需要将每个像素上的三个通道的强度相加并取平均值，得到色彩深度为 8 的灰度图像，即 $I=(R+G+B)/3$。

YUV 色彩模型

YUV 色彩模型是另外一种常见的彩色图像表现形式，这种形式比较利于图像的压缩。其中 Y 表示明亮度，U 和 V 表示色度，用于描述图像的色彩和饱和度。如果没有 U 和 V 分量，只有 Y，那么说明此时的图像是黑白灰度图像。若要将 YUV 形式存储的图像转换成灰度图像，只要提取包含有 Y 分量的矩阵即可，无需经过任何转换，十分方便。

通常，我们可以通过创建 OpenCV 中的 Mat 类对象来保存图像和快速调用图像所包含的信息。例如一张大小为 640×480 的 RGB 彩色图像就可以保存在 Mat img(480，640，CV_8UC3) 的图像容器中。8UC3 是 Mat 的数据结构参数，代表着通道为三、色彩深度为 unsigned char（即 8 位）的图像容器。若是单通道灰度图像，则此参数可以用 8UC1 表示。类 Mat 有一些常用的表示图像信息的成员变量和函数，比如 img.cols 和 img.rows 分别是图像的长和宽，img.channels( ) 用于获取图像的通道数（RGB=3，灰度 =1）。

在 OpenCV 中，灰度图（单通道）的存储按行列可以表示为图 2-10 的形式。

	列 0	列 1	…	列 m
行 0	0, 0	0, 0	…	0, m
行 1	1, 0	1, 1	…	1, m
…	…, 0	…, 1	…	…, m
行 n	n, 0	n, 1	n, …	n, m

图 2-10　灰度图存储方式

若想访问特定位置（i，j）的像素，则可调用 img.at<uchar>（i，j）来获取。同时，OpenCV 还提供用指针遍历访问所有图像数据的方式，在此情况下视图像的像素数据排列为连续一行，给定代表像素数据的起始位置的头指针 uchar *p = img.data，便可以使用 p++ 逐个访问数据。若用此方式遍历 RGB 三通道图像，遍历顺序则是按 $R_{0,0}D_{0,0}B_{0,0}R_{0,1}G_{0,1}B_{0,1}\cdots R_{n,m}G_{n,m}B_{n,m}$ 进行。

在增强现实中，大多数计算机视觉算法都需要将从真实场景中获取的彩色图像转换为灰度图像后，再进行分析和处理。因此将彩色图像转换为灰度图像也是增强现实系统对图像预处理的一个步骤。在常见的移动设备摄像机或计算机外接摄像机中，采集的视频流通常是以 RGBA 或 RGB 的形式存储的。与 RGB 色彩模型相比，多出来的 A 通道是图像的透明度，范围在 0~1 之间。对于两种格式的视频流图像，OpenCV 都有相对应的函数工具 cvtColor，可以将其转换成灰度图：

```
void cvtColor(InputArray src, OutputArray dst, int code, int dstCn =0 )
```

src 和 dst 分别为视频流的待转换图像和转换后的图像，code 是色彩空间的转换码，dstCn 是转换后的图像的通道数。当 dstCn =0 时，转换后图像的通道数自动与待转换图像相同。OpenCV 提供了多种色彩空间的转换码，比如将 RGBA 和 RGB 转换为灰度图像的转换码分别为 COLOR_RGBA2GRAY 和 COLOR_RGB2GRAY。

2.3.2 图像的截取与缩放

由上节的介绍可知，视频流图像传入增强现实系统后，第一步是将彩色的三通道图像转换为单通道的灰度图像。所得灰度图像往往需要进行进一步的截取或缩放，才会被应用于计算机视觉算法。

当传入的灰度图包含已知的不感兴趣区域且不需做处理时，要将感兴趣的区域单独提取出来，此步骤可以减少算法运算耗时和排除不必要的图像干扰。OpenCV 提供了 Rect 类，可以将图像中的矩形感兴趣区域提取出来。Rect 类中有四个成员变量 x、y、width 和 height，分别表示感兴趣区域左上角点的坐标值和矩形的长和宽。例如，想要在一个 640×480 的输入图像中提取正中间

320×240 的感兴趣区域，可以用如下代码实现：

```
Mat input;
Rect rect(160,120,320,240);
Mat inputROI = input(rect);
```

如今，大多数计算机视觉算法都是以像素为单位进行处理的。图像的分辨率越高，所包含像素就越多，算法的运算耗时也越多。为了保证增强现实系统的流畅性和实时性，往往需要缩小输入的灰度图像的尺寸。但是，压缩后的图像分辨率也不能过低。过低的图像分辨率有两个缺点：一是输出的画面也是相同分辨率，太模糊会影响用户体验；二是分辨率太低说明大量的图像细节信息被压缩，会影响算法的准确性，使算法误差增大。因此，对算法性能的稳定性和运算速度进行综合考虑后，通常将输入灰度图像压缩至 640×480 分辨率，这可以满足大部分的场景和设备需求。OpenCV 调用函数 resize 便可实现图像的缩放。

```
void resize(InputArray src, OutputArray dst, Size dsize, double fx=0,
            double fy=0, int interpolation=INTER_LINEAR )
```

src 和 dst 分别为灰度图像的缩放前和缩放后。

dsize 是图像缩放后的大小，如果它为 0，那么它的计算方式为 desize=Size(round(fx*src.cols), round(fy*src.rows))。

fx 和 fy 是图像在 x 轴和 y 轴上的缩放因子，若它们为 0，则计算方式为 fx=(double)dsize.width/src.cols, fy=(double)dsize.height/src.rows。其中 dsize 与 fx 和 fy 不能同时为 0。

interpolation 表示插值方式，插值方式有以下几种：线性插值（INTER_LINEAR）、最近邻插值（INTER_NEAREST）、区域插值（INTER_AREA）、三次样条插值（INTER_CUBIC）和 Lanczos 插值（INTER_LANCZOS4）。默认的插值方式是线性插值。

2.3.3 线性滤波器的运用

线性滤波器是对原始数据的一种算术运算，它有唯一的模板，因此对相同的输入，滤波器的输出也是确定且唯一的，比如均值滤波器和高斯滤波器等。反之，非线性滤波器没有固定的模板，它是原始数据与输出结果之间的一种逻辑关系，因此对相同的输入，滤波器没有特定的输出，比如最大值滤波器、最小值滤波器和中值滤波器等。

在计算机视觉中，线性滤波器得到了广泛运用。线性滤波器的作用是从图像中处理或者提取某块区域中像素经过加权运算后的信息。滤波器的加权模板也称为滤波器的内核。加权模板是以一个像素为中心，将模板上的权重乘以被选中像素周围区域中对应的像素值，然后全部相加得到一个结果，最后将这个结果放在中心像素的位置作为新的像素值。

线性滤波器在计算机视觉中常见的作用为平滑噪声，其中均值滤波器和高斯滤波器是最常用的两种滤波器。

均值滤波器

均值滤波器的原理主要是利用某像素点周边像素的平均值来达到平滑噪声的效果。常见的均值滤波器用法如图 2-11 所示。

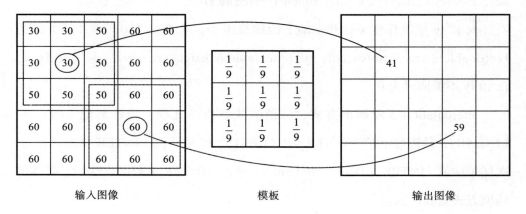

输入图像　　　　　　　模板　　　　　　　输出图像

图 2-11　均值滤波器

高斯滤波器

首先介绍一维高斯分布，也称为正态分布。若随机变量 x 服从一个数学期望为 u、方差为 σ^2 的概率密度，且其概率密度函数为

$$f(x) = \frac{1}{\sqrt{2\pi}\sigma} \exp\left(-\frac{(x-\mu)^2}{2\sigma^2}\right)$$

则随机变量 x 称为正态随机变量，正态随机变量也称为正态分布，记作 $x{\sim}N(\mu, \sigma^2)$。正态分布曲线呈钟形，两头低，中间高，左右对称。正态分布的期望值 u 决定了其中轴线的位置，标准差 σ 决定了分布的幅度。不同参数的正态分布曲线见图 2-12。

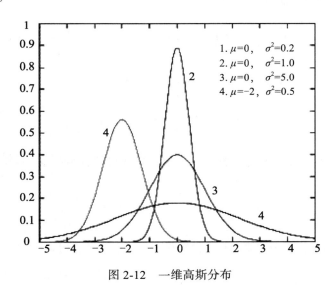

图 2-12　一维高斯分布

当 $\mu=0$，$\sigma=1$ 时，称为标准正态分布，记作 $x{\sim}N(0, 1)$：

$$f(x) = \frac{1}{\sqrt{2\pi}} \exp\left(-\frac{x^2}{2}\right)$$

在计算机视觉中，平面图像一般是以二维矩阵形式存放和呈现的，所以对平面图像进行高斯处理时，需要用到以二维高斯为内核的滤波器。这种滤波器也是用二维方阵的形式表现，以下列举了一些常用的高斯滤波器。

3×3 滤波器: $\dfrac{1}{16} \times \begin{pmatrix} 1 & 2 & 1 \\ 2 & 4 & 2 \\ 1 & 2 & 1 \end{pmatrix}$

5×5 滤波器: $\dfrac{1}{273} \times \begin{bmatrix} 1 & 4 & 7 & 4 & 1 \\ 4 & 16 & 26 & 16 & 4 \\ 7 & 26 & 41 & 26 & 7 \\ 4 & 16 & 26 & 16 & 4 \\ 1 & 4 & 7 & 4 & 1 \end{bmatrix}$

滤波器中的元素满足二维高斯分布（二维正态分布），也就是两个独立的一维正态分布随机变量的联合分布。在二维或者更高维的情况下，方差用协方差矩阵 Σ 表示。从标准正态形式开始推导：

$$G(x,y) = G(x)G(y) = \frac{1}{2\pi}\exp\left(-\frac{x^2+y^2}{2}\right)$$

将随机变量 x、y 用向量表示 $\boldsymbol{v} = (x\ y)^{\mathrm{T}}$。则

$$G(\boldsymbol{v}) = \frac{1}{2\pi}\exp\left(-\frac{1}{2}\boldsymbol{v}^{\mathrm{T}}\boldsymbol{v}\right)$$

从标准正态分布推广到一般正态分布，是通过线性变换 $\boldsymbol{v} = \dfrac{A(x-\mu)}{\sigma}$，那么

$$G(x) = \frac{|A|}{2\pi}\exp\left(-\frac{1}{2}(x-\mu)^{\mathrm{T}}A^{\mathrm{T}}A(x-\mu)\right)$$

注意到前面多了个系数 $|A|$，为矩阵 A 的行列式。可以证明这个分布的均值为 μ，协方差为 $(A^{\mathrm{T}}A)^{-1}$。记 $\Sigma = (A^{\mathrm{T}}A)^{-1}$，那么可以得到高斯二维分布的一般形式：

$$G(x) = \frac{1}{2\left|\Sigma^{\frac{1}{2}}\right|}\exp\left(-\frac{1}{2}(x-\mu)^{\mathrm{T}}\Sigma^{-1}(x-\mu)\right)$$

更高维的情形同理。

由 σ_x、σ_y 构成的协方差矩阵 Σ 决定了高斯滤波器的宽度（平滑程度）。σ 越

大，高斯滤波器的频带越宽，平滑程度就越好。通过调节 σ，可以在图像特征过度模糊（过平滑）与图像中噪声引起的突变量过大（欠平滑）之间取得有效的折中值。

滤波器运算的实质是模板的卷积运算，这种模板运算容易产生边界问题。边界问题的意思是当图像处理边界像素的时候，卷积模板可能会覆盖在图像区域之外。遇到边界问题通常有两种解决方式：一种是保留边界像素，即不处理边界像素，而是直接将其复制到输出图像；另一种是忽略边界像素，即将边界像素用 0 代替。

高斯分布不仅被应用在滤波器中以起到平滑作用，在其他场合也是非常重要的概率分布之一。

OpenCV 也提供了运用滤波器的函数，比如高斯滤波：

```
void GaussianBlur(InputArray src, OutputArray dst, Size ksize, double
                  sigmaX, double sigmaY=0, int borderType=BORDER_
                  DEFAULT )
```

src 和 dst 分别为输入图像和滤波后的输出图像，两个图像的数据结构类型相同。

ksize 是高斯核的大小，高斯核的长和宽必须是正奇数。若 ksize 为 0，那么高斯核用 sigmaX 和 sigmaY 计算。sigmaX 和 sigmaY 分别是高斯核在 X 和 Y 方向上标准差，若它们为 0，则高斯核用 ksize 计算。为了更好地控制高斯滤波的结果，OpenCV 推荐分别为这三个变量赋值。BorderType 指的是处理边界问题的方式参数。

类似地，均值滤波器可以用以下函数实现。

```
void blur(InputArray src, OutputArray dst, Size ksize, Point anchor
          =Point(-1,-1), int borderType=BORDER_DEFAULT )
```

其中 Point anchor=Point(-1,-1) 表示滤波器作用于模板中心对应的像素。

小结

本节介绍了一些图像预处理的方法。当真实场景被摄像机的感光元件组收集成一张数字图像信息后，需要将其转换成灰度图像进行处理。由于摄像机获取的往往是一张分辨率较高的数字图像，综合考虑运算效率和系统稳定性，需要对输入的灰度图像进行压缩或截取。此外，在许多计算机视觉的算法中，滤波都是必不可少的环节。滤波的作用是消除图像中的噪声，提高算法的准确性。常见的滤波方式有均值滤波和高斯滤波。

当输入的图像经过上述一系列必要的预处理之后，便可以对灰度图像中的像素数据进行更复杂的运算，来提取图像中各式各样的特征信息。不同特征信息的提取会在接下来的章节中分别介绍。

2.4 图像局部特征的提取与匹配

典型的增强现实系统对识别图的跟踪依靠的是图像识别技术。图像识别的目标是对同一张图像在不同的环境、光照和位姿的情况下所呈现的形态进行匹配。即使在不同的环境下，同一张图像还是可以通过一些局部的特征找到共性来进行匹配。所谓的局部特征描述子就是用来刻画图像中的这些局部共性的。理想的局部特征描述子应该具有平移、缩放、旋转不变性，同时对于仿射和光照的变化也有一定的容忍度。局部特征描述子是在图像的自然特征中找寻一些关键点，通过关键点附近一小块区域上的像素信息计算出一个一维数组，用来描述这个关键点附近局部区域的特征。

本节介绍两种典型的、广泛使用的局部特征描述子，分别是尺度不变特征变换（SIFT）和 ORB，以及它们的描述子匹配。

2.4.1 SIFT 特征描述子

SIFT 是在 1999 年由加拿大的 G. Lowe 教授提出的，并在 2004 年加以完善。SIFT 算法的优点包括：具有缩放、旋转和光照的不变性，同时对噪声和一定范围内的仿射变换具有鲁棒性；提取出的局部描述子独特性好，适合在大量特征描述子中进行精准匹配。缺点是局部特征描述子的提取与匹配的计算较复杂，想要达到对图像的实时检测与匹配，对设备的性能要求较高。

用 SIFT 提取局部特征描述子分为四步：尺度空间的构造和像素极值的检测；关键点的定位；基于局部梯度方向确定关键点的方向；利用关键点附近区域的梯度信息生成对应的描述子。

尺度空间的构造和像素极值的检测

图像在摄像机镜头中的大小是用尺度来表示的。在增强现实的应用场景中，根据距离镜头的远近，识别图在画面中有大有小，即识别图处于不同的尺度。SIFT 具有尺度不变性，说明即使在两个画面中图像的尺度不同，也能通过 SIFT 局部特征描述子匹配成功。SIFT 实现尺度不变性的方法是对原始图像创造多尺度空间，即得到原图在多尺度下的图像。对尺度空间每一层的图像都提取关键点。因此，在不同尺度下的目标图像，总有关键点可以与尺度空间中的某图层关键点相匹配，进而识别图像。

创造尺度空间实质上是对原始图像进行模糊处理，从而模拟多尺度下的图像。高斯卷积核是实现尺度变换的唯一线性核。SIFT 使用之前章节提到的高斯滤波器对原始图像进行模糊处理。于是二维图像的尺度空间定义为：

$$L(x, y, \sigma)=G(x, y, \sigma)*I(x, y)$$

其中 $G(x, y, \sigma)$ 是尺度可变的高斯函数。σ 值决定了图像的尺度：小尺度下 σ 值小，则能更精细地描绘图像的细节特征；大尺度下 σ 值小，则分辨率低，只能描绘图像的轮廓特征。σ 的取值从下到上为：$\sigma, k\sigma, k^2\sigma, k^3\sigma, k^4\sigma, \cdots$用同一

组 σ 和 k 高斯核进行卷积得到的图层称为塔（Octave）。尺度空间是由几个塔由下到上降阶采样构成的（图像长和宽分别减半），例如第 1 塔的第 0 层可以由第 0 塔的第 3 层降阶采样得到，然后进行高斯模糊。由图片的大小决定建几个塔，以及每个塔几层图像。第 0 塔的第 0 层为原始图像，直观上看越往上图片越模糊，如图 2-13 所示。

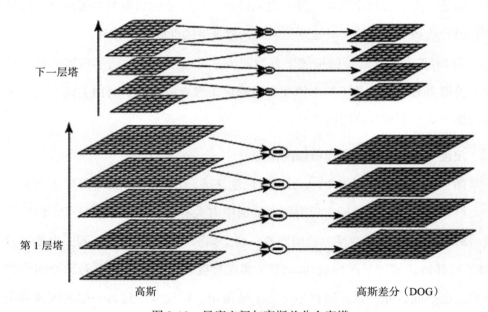

图 2-13　尺度空间与高斯差分金字塔

尺度空间中 σ 和 k 的取值遵循公式 $2^{i-1}(\sigma, k\sigma, k^2\sigma, \cdots, k^{n-1}\sigma)$，$k = 2^{1/S}$。

尺度空间的极值点检测是在高斯差分金字塔中进行的。高斯差分金字塔即尺度空间中每塔上下两层的相邻图层相减，如图 2-13 右侧。

$$D(x, y, \sigma) = (G(x, y, k\sigma) - G(x, y, \sigma)) * I(x, y) = L(x, y, k\sigma) - L(x, y, \sigma)$$

为了寻找极值点，每一个像素点要和它所有的相邻点比较，包括图像域和尺度域的相邻点。如果一个像素点在 DOG 金字塔本层以及上下相邻两层的共 26 个点中是最大值或者最小值，就认为该点是图像在该尺度下的一个极值点（图 2-14）。

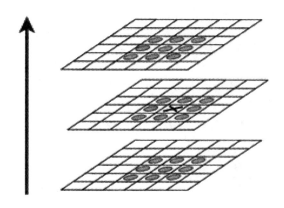

图 2-14　极值点检测

需要注意的是，每一塔的首末两层图像是无法进行极值比较的。所以，为了使每个塔都有可以极值比较的层，一般在每塔的顶层继续使用高斯模糊生成3 幅图像，因此尺度空间中每个塔有 $S+3$ 层图像，对应地，高斯差分金字塔每塔有有 $S+2$ 层图像。

关键点的定位

以上方法检测到的极值点是离散空间的极值点，接下来用三维二次函数拟合精确确定关键点的位置。这一步还需要去除低对比度和不稳定边缘响应的关键点，以增强描述子的稳定性以及抗噪声能力。

$D(x, y, \sigma)$ 检测到的极值点并不是真正的极值点位置，图 2-15 展示了二维函数离散空间得到的极值点和连续空间极值点的位置差别。

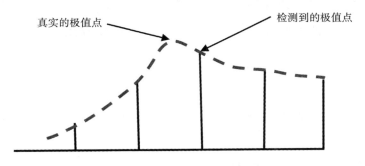

图 2-15　离散空间极值点与连续空间极值点的位置差别

DOG 函数在尺度空间的泰勒展开式为

$$D(X) = D + \frac{\partial D^{\mathrm{T}}}{\partial X}X + \frac{1}{2}X^{\mathrm{T}} + \frac{1}{2}X^{T}\frac{\partial^2 D}{\partial X^2}X$$

其中 $X=(x, y, \sigma)^{\mathrm{T}}$。对上式求导，并令方程等于 0，可得

$$\frac{\partial}{\partial x}D(x, \partial) = \frac{\partial}{\partial x}(D + \frac{\partial D^{\mathrm{T}}}{\partial x}x + \frac{1}{2}x^{\mathrm{T}}\frac{\partial^2 D}{\partial x^2}x) = 0$$

解得 $\hat{X} = -\frac{\partial^2 D^{-1}}{\partial X^2}\frac{\partial D}{\partial X}$。

$\hat{X}$ 代表相对插值中心的偏移量，当它在任意维度上的偏移量大于 0.5 时，意味着插值中心已经偏移到它的相邻点上，所以必须对关键点的位置进行修正，同时在新的位置上重复插值直到收敛。在 Lowe 的程序中，对坐标进行了五次修正。修正的结果代入公式

$$D(X) = D + \frac{\partial D^{\mathrm{T}}}{\partial X}X + \frac{1}{2}X^{\mathrm{T}} + \frac{1}{2}X^{\mathrm{T}}\frac{\partial^2 D}{\partial X^2}X$$

得到

$$D(\hat{X}) = D + \frac{1}{2}\frac{\partial^2 D^{\mathrm{T}}}{\partial X}X$$

同时，$|D(\hat{X})|$ 过小的点易受噪声的干扰而变得不稳定，所以将小于阈值（Lowe 的论文中使用 0.03，但实践时一般用 0.04）的极值点删除。

下一步需要删除一些会产生较强边缘响应的点。一些定义不好的高斯差分算子的极值在横跨边缘的地方有较大的主曲率，而在垂直边缘的方向有较小的主曲率。主曲率通过一个 2×2 的 Hessian 矩阵 H 求出：

$$H = \begin{pmatrix} D_{xx} & D_{xy} \\ D_{xy} & D_{yy} \end{pmatrix}$$

D 的主曲率和 H 的特征值成正比，令 α 为较大特征值，β 为较小特征值，那么

$$\mathrm{Tr}(H) = D_{xx} + D_{yy} = \alpha + \beta$$
$$\mathrm{Det}(H) = D_{xx}D_{yy} - D_{xy}^{2} = \alpha\beta$$

令 $\alpha=r\beta$，则

$$\frac{\mathrm{Tr}(\boldsymbol{H})^2}{\mathrm{Det}(\boldsymbol{H})} = \frac{(\alpha+\beta)^2}{\alpha\beta} = \frac{(r\beta+\beta)^2}{r\beta^2} = \frac{(r+1)^2}{r}$$

$\frac{(r+1)^2}{r}$ 的值在两个特征值相等时（$r=1$）最小，随着特征值差别越大，该值越大。两个特征值的比值越大，说明点在某一个方向的梯度越大，而在另一个方向上的梯度越小，这也是边缘点的典型特征。所以为了剔除边缘响应点，需要让该值小于一定的阈值。因此，检测主曲率是否在阈值 r 下，只需要判断

$$\frac{\mathrm{Tr}(\boldsymbol{H})^2}{\mathrm{Det}(\boldsymbol{H})} < \frac{(r+1)^2}{r}$$

上式成立时将关键点保留，反之则剔除。在 Lowe 的文章中，取 $r=10$。

基于局部梯度方向确定关键点的方向

为了实现局部特征描述子的旋转不变性，需要根据图像的局部区域特征给关键点确定一个方向。对于 DOG 金字塔中检测得到的关键点，采集其所在尺度空间图层上的半径为 3σ 的邻域内的像素梯度幅度和方向，计算公式如下：

$$m(x,y) = \sqrt{(L(x+1,y)-L(x-1,y))^2 + (L(x,y+1)-L(x,y-1))^2}$$
$$\theta(x,y) = \arctan\frac{L(x,y+1)-L(x,y-1)}{L(x+1,y)-L(x-1,y)}$$

L 为关键点所在的尺度空间值，Lowe 建议，梯度的幅度 $m(x,y)$ 按照 $\sigma=1.5\sigma\_oct$ 的高斯分布，因此邻域的半径为 $\sigma=3\times1.5\sigma\_oct$。

对于关键点的邻域，建立一个含有 36 个柱的梯度直方图，每 $10°$ 为一柱。每个关键点邻域内的像素点按照其梯度方向 $\theta(x,y)$ 加权统计到直方图内，权值为梯度的幅度 $m(x,y)$ 和贡献因子的乘积。贡献因子是被统计像素和中心关键点的距离，距离越近贡献值越大，距离越远贡献值越小。直方图统计完成以后，为直方图的峰值以及任何大于峰值 80% 的柱的方向创建一个关键点。因此，对

于多个柱与峰值较为接近的情形，在同一个位置和尺度会产生具有不同方向的若干个关键点。该步骤如图 2-16 所示。

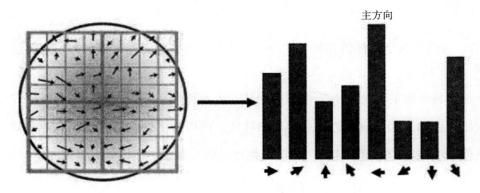

图 2-16 关键点方向直方图

此步骤完成后，得到的关键点都有稳定的坐标 (x, y)、尺度 σ 和方向 θ。

利用关键点附近区域的梯度信息生成对应的描述子

接下来需要为每一个关键点建立描述子，描述子为一组向量。这个描述子不仅包含关键点的信息，还包含关键点附近区域的像素点信息，因此描述子具有较高的独特性，不受各种变化的影响。

首先确定计算描述子需要的关键点邻域大小，所需图像区域的半径为

$$\text{radius} = \frac{3\sigma\_\text{oct} \times \sqrt{2} \times (d+1)}{2}$$

$d = 4$ 计算结果四舍五入，见图 2-17。Lowe 建议描述子在关键点尺度空间内 4×4 的窗口中计算 8 个方向的梯度信息，所以共用 128 维向量来表示描述子。确定了关键点邻域窗口大小之后，需要将窗口坐标轴旋转到关键点的方向（上一节中已求出）。

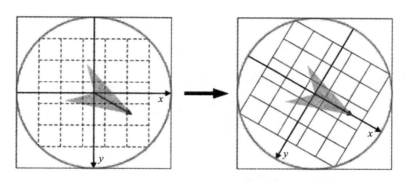

图 2-17　坐标轴旋转

新坐标点的计算方法为：

$$\begin{pmatrix} x' \\ y' \end{pmatrix} = \begin{pmatrix} \cos\theta & -\sin\theta \\ \sin\theta & \cos\theta \end{pmatrix} \begin{pmatrix} x \\ y \end{pmatrix} \quad (\ x, y \in [-\text{radius}, \text{radius}] \ )$$

之后将邻域的采样点分配到对应的子区域（4×4）内，计算这些采样点的梯度幅度（箭头表示）和方向（箭头方向），分配到 8 个方向上。Lowe 建议子区域的像素梯度大小按 $\sigma = 0.5d$ 的高斯窗口对其进行加权计算，如图 2-18 所示。

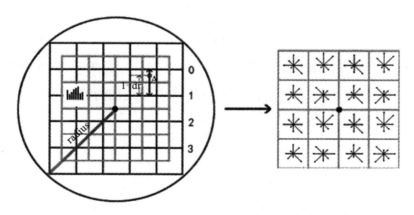

图 2-18　描述子梯度直方图

同时，每个点对不同直方图的贡献也需要另外计算，之后加权到梯度幅度中。例如图中的点 A，在第 0 行和第 1 行之间，对两行都有贡献，贡献值分别为 dr 和 1-dr。同理，该点对邻近两列的贡献因为分别为 dc 和 1-dc。

每个特征点生成一个 $4 \times 4 \times 8 = 128$ 维的描述子之后，为去除光照响应，需要对描述子进行归一化处理。定义所得描述子向量为 $\boldsymbol{H}=(h_1, h_2, \cdots, h_{128})$，归一化后的描述子向量为 $\boldsymbol{L}=(l_1, l_2, \cdots, l_{128})$，那么

$$l_i = \frac{h_i}{\sqrt{\sum_{j=1}^{128} h_j}}, j = 1, 2, 3, \cdots$$

这是单个 SIFT 局部特征描述子的最终表现形式。

SIFT 描述子匹配

描述子匹配主要是对已知图像和待识别图像分别提取 SIFT 局部特征描述子，而后对两张图像生成的描述子配对比较相似度，若相似度达到一定的阈值，则说明两张图匹配。这里的相似度用欧氏距离来表示。欧氏距离是在 m 维空间中两点之间的真实距离。两个点 $A=(a[1], a[2], \cdots, a[n])$ 和 $B=(b[1], b[2], \cdots, b[n])$ 之间的距离 $p(A, B)$ 的定义为：

$$p(A, B) = \sqrt{\sum_{i=1}^{n} (a[i] - b[i])^2}$$

假设已知图像中特征点的描述子为 $R_i=(r_{i1}, r_{i2}, \ldots, r_{i128})$，待匹配图像中特征点的描述子为 $S_i=(s_{i1}, s_{i2}, \ldots, s_{i128})$。则任意两描述子之间的距离为

$$d(R_i, S_i) = \sqrt{\sum_{j=1}^{128} (r_{ij} - s_{ij})^2}。$$

为了排除背景杂乱而产生的无匹配关系的特征点，Lowe 提出了最近距离与次近距离的比值低于某个阈值即为匹配的方法，Lowe 推荐的阈值为 0.8。该值越小，错误的匹配组越少。这种描述子——匹配的方式也被称为暴力匹配。

OpenCV 也提供了对图像进行 SIFT 局部特征描述子提取的函数，SIFT 的结构函数为

```
SIFT::SIFT(int nfeatures=0,int nOctaveLayers=3,double contrastThresho
    ld=0.04,double edgeThreshold=10,double sigma=1.6)
```

nfeatures 是选取最优的特征点数（特征点是按分数排列的）。nOctaveLayers 是每塔中的图层数，在 Lowe 的文献中为 3。contrastThreshold 是第二步中用来去除低对比度极值点的阈值，阈值越高，则越少的极值点可以被留下。edgeThreshold 是第二步中用于消除边缘响应大的极值点的阈值。sigma 用在第 0 塔，是第 0 层的高斯滤波的标准差参数，建议系数为 1.6。

SIFT 的执行函数为

```
void SIFT::operator()(InputArray img,InputArray mask,vector<KeyPoint>
                & keypoints,OutputArray descriptors,bool usePro
                videdKeypoints=false)
```

img 为输入的灰度图像。mask 为可选择的 SIFT 检测算法的应用区域。keypoints 为 SIFT 算法提取的局部特征点。descriptors 为相应的特征描述子。useProvidedKeypoints 若设置为 true，则 SIFT 特征提取算法不运行，运用已提供的特征点坐标提取描述子。

SIFT 局部特征描述子提取与匹配结果如图 2-19 所示。

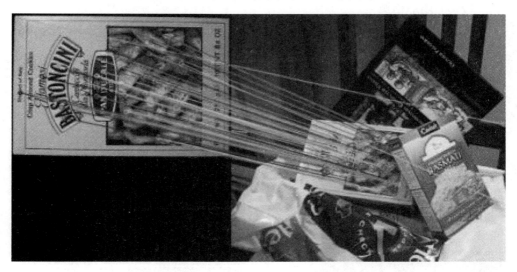

图 2-19　SIFT 局部特征描述子匹配

2.4.2 ORB 特征描述子

ORB 是 Oriented BRIEF（Binary Robust Independent Elementary Features）的简写，其主要思路是，利用 FAST 角点检测算法提取角点，之后对角点计算得到 BRIEF 特征描述子，用于图像匹配。BRIEF 描述子是由 Calonder 在 2010 年提出的一种有别于 SIFT 的二值特征描述子。

FAST 角点检测算法和 BRIEF 特征描述子组合的优势在于运算速度快，但缺点也同样明显。BRIEF 特征描述子不具备旋转不变性，同时对噪声敏感。ORB 对以上缺陷进行了算法的完善，为 FAST 提取的角点确定了主方向，之后将角点主方向的信息加入 BRIEF 特征描述子中，达到旋转不变性的目的。

但是，ORB 算法没有对尺度不变性进行完善，因为 FAST 和 BRIEF 本身不具有尺度不变性。实践中一般通过对输入图像建立图像金字塔，而后对每个图层提取 ORB 特征描述子来实现尺度不变性。

FAST 角点检测

角点一般用于描述一小块图像区域中强度或者梯度值相对周围像素突出的特征点（图 2-20）。FAST 角点检测就是通过比较采样检测点是否比周围领域内

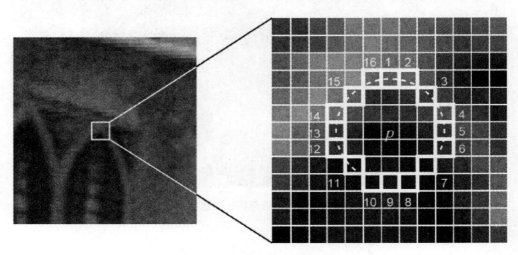

图 2-20　FAST 角点算法检测

足够多的像素点强度都大，来判定该点是否为角点的。FAST 角点检测的优势是速度快，可以快速筛选出大量符合条件的角点供其他算法继续运算。缺点是独特性不够强，只能作为一种特征点检测的算法，不能作为特征描述子。

FAST 角点检测的具体步骤如下：

❑ 以一个像素点 P 为中心，半径为 3 的圆上，分布着有 16 个像素 P_1，P_2，…，P_{16}。

❑ 设定一个阈值，计算 P_1、P_3 与中心点 P 的像素差，若它们的绝对值都小于指定阈值，则 P 不可能是特征点，舍弃该点，反之进入下一步判断。

❑ 计算 P_1、P_9、P_5、P_{13} 与中心点 P 的像素差，若它们的绝对值中有至少 3 个超过阈值，则进入下一步判断，否则舍弃该点。

❑ 计算 P_1~P_{16} 这 16 个点与中心点 P 的像素差，若它们的绝对值中至少有 9 个超过阈值，则判定中心点 P 为角点，否则舍弃该点。

❑ 对图像进行非极大值抑制。用以下判断方法处理每一个之前提取出的角点，以特征点 P 为中心的一个邻域内（如 3×3 或者 5×5），若有多个特征点，则判断每个特征点的得分 S（16 个点与中心点像素差的绝对值总和）。若 P 是邻域所有特征点中得分最高的，则保留，否则舍弃。若 P 是邻域内唯一一个角点，则保留。得分的计算公式如下：

$$S = \max \begin{cases} \sum (P_i - P), (P_i - P) > t \\ \sum (P - P_i), (P - P) > t \end{cases}$$

其中 S 是点 P 的得分，P_i 是 P 点邻域内角点的编号，t 为阈值。

以上是 FAST-9 算法实现，同时也有 FAST-10 和 FAST-12 等，区别在于第四步判断时像素差超过阈值的个数。

BRIEF 特征描述子

BRIEF 特征描述子的主要思路是在特征点附近随机选择若干点对，将这些点对的灰度值比较结果组成二进制串，作为描述子。

具体分为以下几步:

□ 为了减少噪声干扰,先对图像进行高斯滤波(取滤波器窗口大小为 9×9,标准差为 2)。

□ 以特征点 P 为中心,取 $S \times S$ 的邻域窗口。在窗口内随机选择一个点对(两个点),比较二者的像素值大小,进行如下二进制赋值:

$$\tau(p; x, y) := \begin{cases} 1, & p(x) < p(y) \\ 0, & 其他 \end{cases}$$

其中, $p(x)$ 和 $p(y)$ 分别是随机点 x 与 y 的像素值。

□ 在窗口内随机选取 N 个点对,重复上一步进行二进制赋值,形成一个二进制编码。这个编码就是该特征点的描述子。一般 N 取 256。

关于随机点的选择方法,测试五种选取模式。

□ 模式一: x_i 和 y_i 都呈均匀分布 $\left(-\dfrac{S}{2}, \dfrac{S}{2} \right)$。点的采样位置遍布整块区域,甚至是接近区域边缘。

□ 模式二: x_i 和 y_i 都呈高斯分布 $\left(0, \dfrac{1}{25} S^2 \right)$ ($\sigma^2 = \dfrac{1}{25} S^2$)。

□ 模式三: x_i 服从高斯分布 $\left(0, \dfrac{1}{25} S^2 \right)$, y_i 服从高斯分布 $\left(x_i, \dfrac{1}{100} S^2 \right)$。点的采样分为两步:首先 x_i 在零点附近做高斯采样,而后以 x_i 为中心,以 $\sigma^2 = \dfrac{1}{100} S^2$ 进行 y_i 的采样。

□ 模式四: x_i 和 y_i 在空间量化极坐标下的离散位置处进行随机取样。

□ 模式五: $x_i = (0, 0)^{\mathrm{T}}$, y_i 在空间量化极坐标下的离散位置处进行随机取样。

这五种方法生成的 256 对随机点如图 2-21 所示(一条线段代表一对点 x 和 y)。

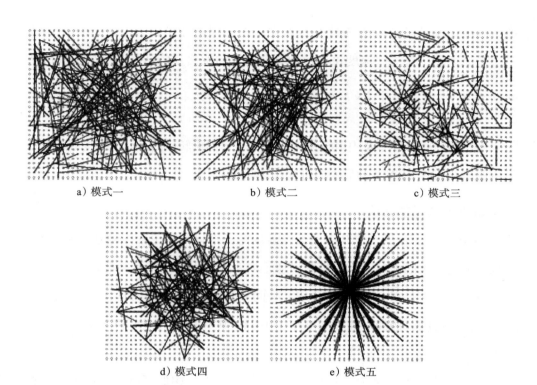

a）模式一　　　　　　　　b）模式二　　　　　　　　c）模式三

d）模式四　　　　　　　　　e）模式五

图 2-21　BRIEF 点对选择模式

最后的结果是第二种采样方式得到的识别率最高。由上述方法提取的描述子都是 256 位的二进制编码。

ORB 描述子的旋转不变性

在用 FAST 得到关键点之后，采用了 Rosin 提出的 "intensity centroid" 方法确定了特征点方向。这种方法的主要思想是，求关键点的邻域的质心，把质心与特征点连线，线段与 x 轴的夹角即为该特征点的方向。

定义公式 $m_{pq}=\sum x^{p}y^{q}I(x,\ y)$，而质心的定义为 $C=\left(\dfrac{m_{10}}{m_{00}},\dfrac{m_{01}}{m_{00}}\right)$。

而后求向量 $\overline{OC}$ 的方向，以特征点坐标为原点，得到的夹角大小为 $\theta=\arctan2(m_{01},m_{10})$。

对了让 BRIEF 特征描述子具有旋转不变性，需要旋转特征点的邻域 θ 角

度。然而，旋转特征点的邻域所有像素点的时间消耗是很大的，会削弱 ORB
描述子最大的优势——速度快。一种更加高效的做法是旋转在邻域中得到的匹
配点 x_i 和 y_i。定义一个 $2 \times N$ 矩阵存储这 N 个点对 x_i 和 y_i：$\boldsymbol{S} = \begin{pmatrix} x_1, \cdots, x_N \\ y_1, \cdots, y_N \end{pmatrix}$。

利用 θ 的旋转矩阵 $\boldsymbol{R}_\theta$ 作用于点对组 $\boldsymbol{S}$ 上，得到旋转后的点对坐标为 $\boldsymbol{S}_\theta = \boldsymbol{R}_\theta \boldsymbol{S}$。
随后取点对组 $\boldsymbol{S}_\theta$ 位置上的像素值计算描述子即可。

ORB 描述子的匹配

ORB 描述子是以二进制串的形式表现的，不仅节约了存储描述子的空间，
而且大大缩短了匹配时间。二进制描述子的匹配是用汉明距离来计算相似度。

两串字码中对应的码元取值不同的的数目称为汉明距离，即 $d(x, y) = \sum x[i] \oplus y[i]$。例如，描述子 A：101011，B：101010，A 和 B 的汉明距离
为 1。

这里的相似度定义为 $1 - d/N$，即汉明距离越大，相似度越低。设定一个相
似度的阈值（如 0.8），那么对于相似度超过阈值的两串描述子，就可以判断对
应的两个特征点匹配，反之则不匹配。

ORB 描述子的提取也可以通过 OpenCV 来实现，ORB 的结构函数为

```
ORB::ORB(int nfeatures=500,float scaleFactor=1.2f,int nleve
        ls=8,int edgeThreshold=31,int firstLevel=0,int WTA_
        K=2,int scoreType=ORB::HARRIS_SCORE, int patchSize=31)
```

nfeatures 是特征点提取的最大数量。scaleFactor 和 nlevels 为构造图像金
字塔的参数，金字塔的最底层图像最小，大小为 input_image_linear_size/
pow(scaleFactor, nlevels)。firstLevel 一般为 0，代表 ORB 从第 0 层开始计算。
WTA_K 用来生成 BRIEF 描述子的点对中的元素数量，一般为 2，即选取任意
两个点对比光的强度。当然也可以选更多的点进行对比，那么每次的比较结果
就会不仅占用一个比特。scoreType 用来生成角点的算法，Harris 和 FAST 是最

常见的两种角点检测算法。patchSize 在生成 BREIF 描述子时随机选取点的区域大小。

ORB 的执行函数为

```
void ORB::operator()(InputArray image,InputArray mask,vector<KeyPoint>
                & keypoints,OutputArray descriptors,bool useProvi
                dedKeypoints=false ) const
```

img 为输入的灰度图像。mask 为可选择的 ORB 算法的应用区域。keypoints 为 ORB 算法提取的角点（特征点）。descriptors 为相应的特征描述子，若不需要描述子此参数可设为 Cv::noArray()。useProvidedKeypoints 若设置为 true，则 SIFT 特征提取算法不运行，而是运用已提供的特征点坐标提取描述子。

ORB 特征描述子提取与匹配结果如图 2-22 所示。

图 2-22　ORB 特征描述子匹配

由图 2-22 可以看到，ORB 特征描述子在匹配时存在一些错误。在这种情况下，正确匹配的点对应该满足共同的投影对应关系，用单应矩阵来表示。单应矩阵可以通过 RANSA(Random Sample Consensus) 算法确定。

RANSAC

RANSAC 是由 Fisher 和 Bolles 在 1981 年首先提出的，它是一种无确定结果的算法，想要提高得到合理结果的概率，就需要增加算法的迭代次数。RANSAC 的输入是一组包含误差的观测数据，通过迭代的方式估计一种数学模型。结果中能满足所得数学模型的数据都是局内点，相对地，不适应数学模型的数据称为局外点，局外点将被舍弃。接下来用简单的例子介绍 RANSAC 的工作原理，见图 2-23。

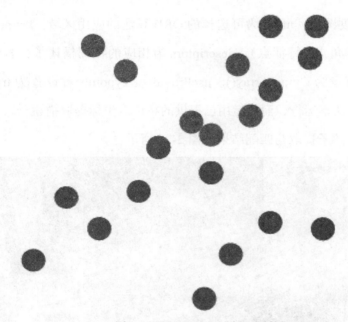

图 2-23　RANSAC 示例观测数据

以图 2-33 中的点集作为观测数据，用 RANSAC 的方式确定一条拟合的直线。首先，随机选取两个点作为局内点。然后，利用局内点确定所需的线性模型。最后，确定一个阈值，在线性模型一定阈值内的所有观测点都归为局内点，计算局内点的数量。如果有足够多的点被归为局内点，那么模型合理；反之，舍弃模型。

重复上述步骤，取局内点数量最多的线性模型作为这组观测数据的拟合直线。图 2-24 是两次拟合的结果。

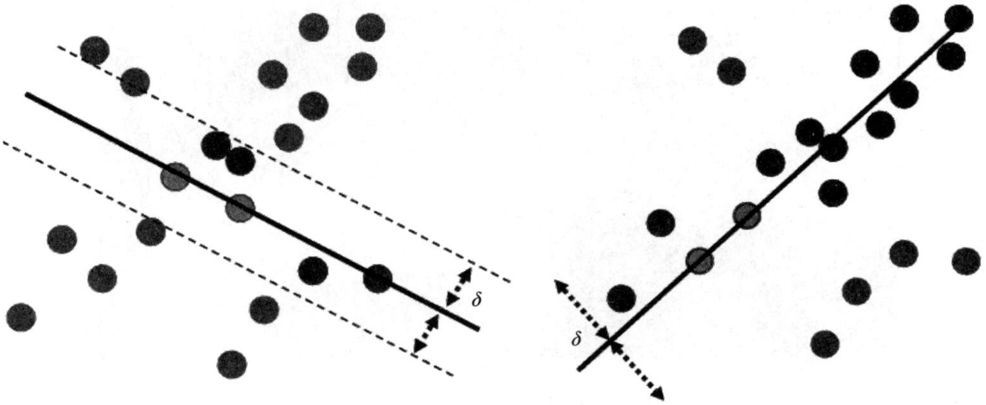

图 2-24　两组 RANSAC 运算结果

明显右侧图的拟合结果包含更多的局内点（14 个，左侧图只有 6 个），所以选取右侧的拟合直线作为 RANSAC 的结果。

RANSAC 在 ORB 匹配点对筛选中应用的主要流程是：

☐ 从所有配对组中随机抽取 4 个匹配点对作为"局内点"。

☐ 根据这 4 个匹配点对计算单应矩阵 M。

☐ 在所有匹配点对中，根据单应矩阵 M 和指定误差容忍度确定所有满足条件的匹配点对，归为"局内点"，统计"局内点"数量。

上述过程被重复执行固定次数，直到新产生的模型"局内点"数量大于当前模型时为止。该算法的输出为所有"局内点"的匹配点对。

RANSAC 可以很好地筛选掉错误匹配的点对，但也存在一些局限性。比如，RANSAC 只有一定的概率能得到可信的模型，概率与迭代模型成正比。若设置了 RANSAC 的迭代次数的上限，迭代得到的结果可能不是最优的结果，甚至是错误的。如果设置过多的迭代次数，会影响算法的实时性。因此在使用的时候需要权衡。

图 2-25 是进行 RANSAC 处理后的 ORB 特征描述子匹配。

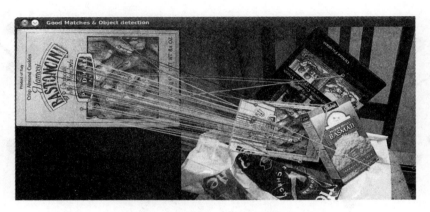

图 2-25 ORB+RNASAC 特征描述子匹配

2.4.3 模板匹配

由特征点描述子的计算过程可知，描述子代表着图像中特征点附近一小块区域的特征。描述子的计算相对复杂，有时候，可以用更简洁的方式来描述图像中一小块的区域特征，即图像的相似性。相似性经常用于模板匹配中。模板匹配就是已知模板（一小块区域图像），在一幅已知道目标存在的灰度图像中搜寻模板，确定其坐标位置。具体来说，将已知模板 $T(M \times N)$ 叠放在被搜索图 $S(W \times H)$ 上平移，搜索图中被模板覆盖的区域为子图 S_{ij}，其中 i 和 j 为区域在搜索图中左上角的坐标，那么模板匹配的搜索范围便是（图 2-26）

$$1 \leqslant i \leqslant W\text{-}M, \ 1 \leqslant j \leqslant H\text{-}N$$

a）搜索图   b）模板

图 2-26 模板匹配示意图

通过计算模板 T 与子图 S_{ij} 的相似性，可以找到模板在图 S 中对应的位置，完成模板匹配。相关性的计算有以下几种方式：

- 平均绝对差（MAD）算法。该算法的实质是计算模板图与子图对应像素之间 L1 距离的平均值，距离平均绝对差越小，则相关性越大。虽然运算简单，但是对噪声非常敏感。

$$D(i,j) = \frac{1}{M \times N} \sum_{s=1}^{M} \sum_{t=1}^{N} \left| S(i+s-1, j+t-1) - T(s,t) \right|$$

- 绝对误差和（SAD）算法。与 SAD 算法类似，计算的是 L1 距离的总和。

$$D(i,j) = \sum_{s=1}^{M} \sum_{t=1}^{N} \left| S(i+s-1, j+t-1) - T(s,t) \right|$$

- 误差平方和（SSD）算法。设计思路与 SAD 和 MAD 类似，计算的是子图与模板图的 L2 距离。

$$D(i,j) = \sum_{s=1}^{M} \sum_{t=1}^{N} \left[S(i+s-1, j+t-1) - T(s,t) \right]^2$$

- 平均误差平方和（MSD）算法。在 SSD 基础上计算 L2 距离的平均值。

$$D(i,j) = \frac{1}{M \times N} \sum_{s=1}^{M} \sum_{t=1}^{N} \left[S(i+s-1, j+t-1) - T(s,t) \right]^2$$

- 归一化积相关（NCC）算法。用相关系数 r 来衡量两个向量的相似程度，来源于数学中的余弦定理。若两个向量的夹角为 0°，则说明两个向量完全相似，对应的 $r = 1$；若两个向量的夹角为 90°，则说明两个向量完全不相似，对应的 $r = 0$；若两个向量的夹角为 −180°，则说明两个向量完全相反，对应的 $r = 1$。余弦定理的向量形式为

$$\cos(A) = \frac{\langle b, c \rangle}{|b| \times |c|}$$

分子表示两个向量的内积，分母是两个向量的模的乘积。NCC 算法计算公式就是基于上述公式取平均值后得到的：

$$r = \frac{\sum (x_i - \bar{x})(y_i - \bar{y})}{\sqrt{\sum (x_i - \bar{x})^2} \sqrt{\sum (y_i - \bar{y})^2}}$$

OpenCV 中也有关于模板匹配的实现方式，

```
void matchTemplate(InputArray image,InputArray templ,OutputArray resu
lt,int method)
```

其中 image 和 templ 分别是源图像和模板。result 是模板匹配每一次的计算结果，若原图的尺寸为 $W \times H$，模板尺寸为 $W \times N$，那么 result 的尺寸为

$(W{-}M{+}1) \times (H{-}N{+}1)$。method 即是几种相似性计算方式的选项，包括 CV_TM_SQDIFF、CV_TM_SQQDIEF_NORMED、CV_TM_CCORR、CV_TM_CCORR_NORMED 和 CV_TM_CCOEFF。

小结

本节主要介绍了两种局部特征描述方法 SIFT 和 ORB，以及模板匹配的几种方法。SIFT 的优点在于独特性高，具有尺度和旋转不变性，但是处理过程中需要建立金字塔，计算相对复杂，实时性差。ORB 的运算速度远胜于 SIFT，但是有时候生成的描述子较多，独特性弱于 SIFT，因此在描述子匹配之后用 RANSAC 进行进一步的匹配点对筛选可以获得更好的结果。其实，除了以上两种，还存在其他的局部特征描述子，它们都具有各自的特点，比如基于 SIFT 优化的 SURF 和 ASIFT，以及与 ORB 同样为二值描述子的 BRISK、FREAK 和 AKAZE 等。相比于局部特征描述子，模板匹配是一种更加简单有效的灰度图像实时匹配算法，可以用于特征点追踪。

2.5　图像的边缘检测

图像的边缘检测在图像识别和图像跟踪中有广泛的应用。边缘检测的目的是捕捉图像中亮度急剧变化的区域，这些区域往往包含着图像的特征信息。边缘检测的输入图像一般是单通道灰度图像，通过边缘检测器后的输出图像一般是包含一系列连续高亮曲线的二值图像。这些曲线即代表边缘，表示图像中两块不连续区域的分界线。由此可见，输出的二值边缘图像可以大大减少灰度图像中的数据量，留下重要的图像结构信息。

本节会介绍几种不同的检测图像边缘特征的方法。首先介绍的边缘检测算子是基于一阶导数和二阶导数运算的。由以上描述可知，图像中的不连续区域指的是边缘附近的像素灰度发生急剧变化的区域，因此可以通过对图像进行一阶导数或者二阶导数运算，求得图像的梯度值或二阶导数的过零点，来寻找灰度发生急剧变化的分界线。具有代表性的边缘检测算子有 Sobel 算子、Prewitt 算子和 Laplacian 算子。这些算子的使用与滤波器的使用类似，都是用模板对图像的区域进行卷积运算。接下来介绍计算更复杂一些的 Canny 检测算子。Canny 检测算子是 Canny 在 1986 年首先提出的，到现在依然是广泛使用的经典算子。该算子结合了一阶导数与二阶导数的优势，并采取进一步的"非极值运算"而得到边缘二值图像。

2.5.1　一阶导数边缘检测

定义图像上的一点 (x, y) 的像素值（光强度）为 $I(x, y)$，假设该点是边缘，那么应该满足条件（图 2-27）

$$\left| G(I(x, y)) \right| \approx \sqrt{\left(G_x(I(x, y)) \right)^2 + \left(G_y(I(x, y)) \right)^2} \geqslant 阈值$$

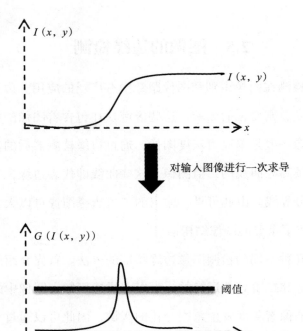

图 2-27　一阶导数边缘检测

　　因此，一阶导数边缘检测首先需要对输入图像进行求导，得到 $G(I(x,y))$。有以下几种算子可以实现对输入图像的一阶求导。

　　Prewitt 算子：

$$x\_window = \begin{pmatrix} -1 & 0 & 1 \\ -1 & 0 & 1 \\ -1 & 0 & 1 \end{pmatrix}, \ y\_window = \begin{pmatrix} 1 & 1 & 1 \\ 0 & 0 & 0 \\ -1 & -1 & -1 \end{pmatrix}$$

　　Sobel 算子：

$$x\_window = \begin{pmatrix} -1 & 0 & 1 \\ -2 & 0 & 2 \\ -1 & 0 & 1 \end{pmatrix}, \ y\_window = \begin{pmatrix} 1 & 2 & 1 \\ 0 & 0 & 0 \\ -1 & -2 & -1 \end{pmatrix}$$

　　之前提到过，算子的本质与滤波器类似，也是模板，通过模板和输入图像的卷积运算，得到输入图像的一阶导数图像。不同算子的边缘检测即使用不同的卷积核进行运算。其中 x_window 用于得到输入图像在 x 方向上的一阶导数图像 $G_x(I(x, y))$，相对地，y_window 用于得到输入图像在 y 方向上的一阶导数图像 $G_y(I(x, y))$。边缘检测算子的使用依然存在模板问题，解决方式也与滤波器相同。得到 $G_x(I(x, y))$ 与 $G_y(I(x, y))$ 后，可以利用公式

$$\left|G(I(x, y))\right| = \sqrt{\left(G_x(I(x, y))\right)^2 + \left(G_y(I(x, y))\right)^2}$$

得到 $|G(I(x, y))|$。最后对 $|G(I(x, y))|$ 进行判定，超过指定阈值的点，像素的值为 255；反之，像素的值为 0。由此可得边缘的二值图像。图 2-28 是 Prewitt 算子边缘检测的操作结果。

　　　　a）实际图像　　　　　　　　　　　　　b）边缘图像

图 2-28　Prewitt 算子边缘检测

2.5.2　二阶导数边缘检测

定义图像上的一点 (x, y) 的像素值（光强度）为 $I(x, y)$，假设该点是边缘，那么应该满足条件

$$\nabla^2 I(x, y) = \frac{\partial^2 I(x, y)}{\partial x^2} + \frac{\partial^2 I(x, y)}{\partial y^2} = 0$$

即 $\nabla^2 I(x, y)$ 有过零点。如图 2-29 所示。

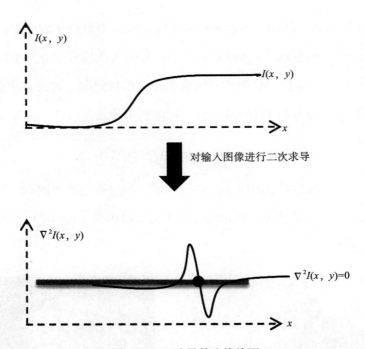

图 2-29　二阶导数边缘检测

二阶导数边缘检测算子通常使用 Laplacian 算子，

$$\mathrm{x\_window} = \frac{\partial^2}{\partial x^2} = \begin{pmatrix} 0 & 0 & 0 \\ 1 & -2 & 1 \\ 0 & 0 & 0 \end{pmatrix}, \ \mathrm{y\_window} = \frac{\partial^2}{\partial y^2} = \begin{pmatrix} 0 & 1 & 0 \\ 0 & -2 & 0 \\ 0 & 1 & 0 \end{pmatrix}$$

因此，二阶导数边缘检测算子判定为边缘的条件为

$$\nabla^2 I(x,y) = \frac{\partial^2 I}{\partial x^2} + \frac{\partial^2 I}{\partial y^2} = \begin{pmatrix} 0 & 0 & 0 \\ 1 & -2 & 1 \\ 0 & 0 & 0 \end{pmatrix} * I + \begin{pmatrix} 0 & 1 & 0 \\ 0 & -2 & 0 \\ 0 & 1 & 0 \end{pmatrix} * I = \begin{pmatrix} 0 & 1 & 0 \\ 1 & -4 & 1 \\ 0 & 1 & 0 \end{pmatrix} * I = 0$$

但是，$\nabla^2 I(x,y)$ 很容易受到噪声的影响。所以在进行二阶导数提取边缘之前，通常需要先对输入的图像用高斯滤波器进行平滑处理，得到二阶导数的计算公式变为 $\nabla^2 G(I(x,y))$。这个公式又可以看作用算子 $\nabla^2 G$ 与输入图像的卷积运算。这种先高斯平滑处理后 Laplacian 算子边缘检测的算子也被称作 LoG 算子。

二维高斯方程为 $G(x,y) = \dfrac{1}{2\pi\sigma^2} \exp(-\dfrac{x^2+y^2}{2\sigma^2})$，见图 2-30。

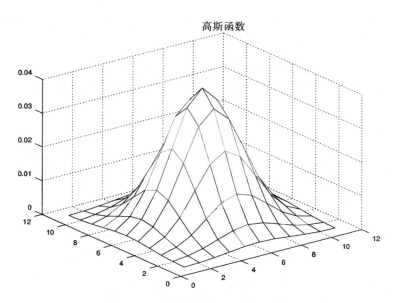

图 2-30　二维高斯方程图（$\sigma=2$）

则 $\nabla^2 G(x,y) = \mathrm{LoG}(x,y) = -\dfrac{1}{\pi\sigma^4}\left(1 - \dfrac{x^2 + y^2}{2\sigma^2}\right)\exp\left(-\dfrac{x^2 + y^2}{2\sigma^2}\right)$，如图 2-31 所示。

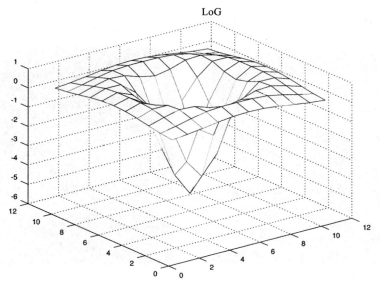

图 2-31　LoG 方程图（$\sigma=2$）

图 2-31 中的 LoG 算子为：

0.05162	0.12492	0.2361	0.35627	0.44432	0.47551	0.44432	0.35627	0.23610	0.12492	0.05162
0.12492	0.27984	0.47551	0.62708	0.6843	0.68926	0.6843	0.62708	0.47551	0.27984	0.12492
0.2361	0.47551	0.67099	0.62679	0.36479	0.20668	0.36479	0.62679	0.67099	0.47551	0.2361
0.35627	0.62708	0.62679	0	−1.02227	−1.54452	−1.02227	0	0.62679	0.62708	0.35627
0.44432	0.6843	0.36479	−1.02227	−2.9748	−3.9327	−2.9748	−1.02227	0.36479	0.6843	0.44432
0.47551	0.68926	0.20668	−1.54452	−3.9327	−5.09296	−3.9327	−1.54452	0.20668	0.68926	0.47551
0.44432	0.6843	0.36479	−1.02227	−2.9748	−3.9327	−2.9748	−1.02227	0.36479	0.6843	0.44432
0.35627	0.62708	0.62679	0	−1.02227	−1.54452	−1.02227	0	0.62679	0.62708	0.35627
0.2361	0.47551	0.67099	0.62679	0.36479	0.20668	0.36479	0.62679	0.67099	0.47551	0.2361
0.12492	0.27984	0.47551	0.62708	0.6843	0.68926	0.6843	0.62708	0.47551	0.27984	0.12492
0.05162	0.12492	0.2361	0.35627	0.44432	0.47551	0.44432	0.35627	0.2361	0.12492	0.05162

因此，LoG 算子的边缘检测判定条件为

$$\nabla^2 G(I(x,y)) = \frac{\partial^2 G(I(x,y))}{\partial x^2} + \frac{\partial^2 G(I(x,y))}{\partial y^2} = \left(\frac{\partial^2 G(x,y)}{\partial x^2} + \frac{\partial^2 G(x,y)}{\partial y^2} \right) * I = \mathrm{LoG}(x,y) * I(x,y) = 0$$

LoG 算子边缘提取效果如图 2-32 所示。

a）原图　　　　　　　　　　　　　b）Log 边缘检测

图 2-32　LoG 算子边缘提取

2.5.3　Canny 算子边缘检测

单独使用一阶导数和二阶导数边缘检测不足以保证边缘检测的准确性。一阶导数边缘检测的优势在于容易得到尖锐的边缘，而二阶导数更有利于保护细小边缘的完整性，但同时也更容易将噪声当作边缘检测出来。

Canny 算子的目的是尽可能多地检测出真正的边缘，无论是尖锐的还是细小的，并保持所有边缘的宽度都是一个像素。为了达到这个目的，Canny 算子检测共有四个步骤。

第一步，运用高斯滤波器为输入的灰度图像降噪，平滑图像。

第二步，运用一阶导数算子（如 Prewitt、Sobel 等）得到图像的 G_x 和 G_y，然后利用公式求得梯度幅度 G 和相应的方向。

$G=|G_x|+|G_y|$，$\theta =\arctan(G_y/G_x)$（θ 被近似为四个方向：$0°$，$45°$，$90°$，$135°$）。

第三步，非极大值抑制。在进行完第二步以后，大部分边缘已经被提取出来了，接下来需要细化一些大于一个像素宽的边缘。对某个边缘点 (x, y)，比较该点的梯度幅度 $G(x, y)$ 与该点梯度方向上的相邻两点的梯度幅度。若 $G(x, y)$ 是三个梯度幅度中最大的，那么点 (x, y) 的像素值不变（边缘二值图像的“1”），周围两点的像素值设为“0”。这就是非极大值抑制，只保留宽度为 1 的边缘线条。

第四步，双阈值边缘连接。在这一步中设置两个阈值 t_{high} 和 t_{low}。t_{high} 用于去除噪声留下的边缘。只有梯度幅度大的边缘点被保留（$G(x, y)>t_{high}$），但是有可能破坏连续完整的边缘线条。对于被保留下的边缘，梯度幅度低（$G(x, y)<t_{low}$）的点也被丢弃。对于介于 t_{low} 和 t_{high} 之间被留下的点 (x, y)，判断该点垂直于梯度方向上相邻的两个点的梯度幅度是否大于 t_{low}，若是，则认定这些相邻点为边界。接着以相邻点作为中心点进行检查，依照这样的方法，依次判断边缘线上点的相邻点的梯度幅度，这样有一些被 t_{high} 移除的边缘线段会被修复。

经过以上四步，Canny 算子边缘检测结果得以呈现，所有的边缘线都是单像素宽，并且边缘线上会存在少量被破坏的边缘点。

图 2-33 是边缘检测的效果图。

a）原图　　　　　　　　　　b）处理后的图

图 2-33　Canny 边缘检测

OpenCV 中提供了 Canny 算子边缘检则的函数：

```
void Canny(InputArray image,OutputArray edges,double threshold1,doubl
    e threshold2,int apertureSize=3,bool L2gradient=false)
```

image 是经过高斯消除噪声后的灰度输入图像。edges 是 Canny 算子边缘检测后的输出二值图像。threshold1 和 threshold2 分别是第四步中设置的阈值 t_{low} 和 t_{high}。apertureSize 为 Sobel 算子模板的大小。

2.5.4　基于二值图像的模板匹配

经过边缘检测算法处理后的输出图像都为二值图像，下面介绍一种基于二值图像进行模板匹配的方式——倒角匹配及其优化方式。

倒角匹配

假设 $U=\{u_i\}$ 是模板图像上所有边缘点的集合，如图 2-34 所示。相对地，$V=\{v_i\}$ 是输入图像上所有边缘点的集合，如图 2-35 所示。

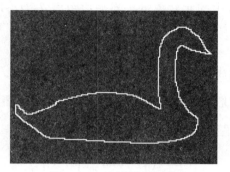

图 2-34　边缘模板图像

图 2-35　输入图像边缘提取

将模板 T 在输入图像的边缘图像 E 上进行采样扫描，在每个采样点计算所有模板 T 上的点 U 与图像 E 上的距离最近的边缘点的平均距离（图 2-36）。

图 2-36　倒角匹配

用公式表示为

$$d_{cm}(U,V) = \frac{1}{n}\sum_{u_i \in U} \min_{v_j \in V} |u_i - v_j|$$

其中 n 为 U 集合中的元素数量。当平均距离 $d_{cm}(U, V)$ 最小时，认为匹配成功。

倒角匹配是一种高效检测边缘模板是否匹配的方式，并且对模板图样在输入图像中的旋转、变形和遮挡具有一定的容忍度。平均距离的计算若使用距离变换将变得更高效。距离变换

$$DTv(x) = \min_{v_j \in V} |x - v_j|$$

指的是每个点 x 的像素到最近边缘点像素 V 的距离。那么上述平均距离 $d_{cm}(U,V)$ 的表达式可以改写成

$$d_{cm}(U,V) = \frac{1}{n}\sum_{u_i \in U} DTv(u_i)$$

而该式的计算复杂度与模板中边缘点的数量成正比 $o(n)$。

方向性倒角匹配

倒角匹配在背景杂乱的情况下就显得不那么可靠。为此，我们使用边缘更多的信息（方向性信息）进行倒角匹配来增强匹配的鲁棒性。这种方法的思想是将模板和输入图像的边缘量化为离散的方向，那么边缘上所有的点都被赋予所在边缘对应的方向，而后进行匹配，并且把得到的分数相加。

首先将每个边缘点 x 增加一个维度的信息（原本的信息是二维坐标），即方向 $\phi(x)$。那么方向性倒角匹配的分数（距离）可以写作

$$d_{dcm}(U,V) = \frac{1}{n}\sum_{u_i \in U} \min_{v_j \in V} |u_i - v_j| + \lambda |\phi(u_i) - \phi(v_j)|$$

其中 λ 是位置和方向项在最终分数中所占的权重比。值得注意的是，方向项的计算是对方向差按模长 π 来计算的，即方向项为

$$\min\left\{|\phi(u_i) - \phi(v_j)|, \left\||\phi(u_i) - \phi(v_j)| - \pi\right\|\right\}$$

图 2-37 是方向性倒角匹配（右）对原始倒角匹配（左）的优化结果。

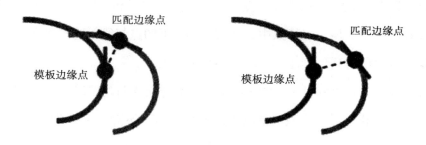

图 2-37　方向性倒角匹配

方向性倒角匹配可以大大提升倒角匹配的鲁棒性。但是，因为引入了边缘点方向的比较，所以单次模板匹配的计算复杂度增加到 $O(kn)$。其中 k 是方向被量化的数量。这样的时间消耗令该算法很难达到实时匹配，因此需要对这种耗时呈线性增长的模板匹配进行进一步的优化。于是有了快速方向性倒角匹配。

快速方向性倒角匹配

快速方向性倒角匹配是由 M. Y. Liu 等人在 2010 年提出的。这种方法基于方向性倒角匹配原理，对匹配分数的计算提供了一种更快速的方式。

在快速方向性倒角匹配中，首先对模板和边缘图像的边缘进行优化，用线段的表达形式替代之前的边缘点集的形式。如图 2-38 所示，用接近 60 条线段（右）代替原先的 1242 个边缘点（左）来表示图中的边缘。

图 2-38　边缘的线段化表示

该步骤是通过 RANSAC 来实现的：

☐ 在图像 T 上选取任意几个点，取每个点的位置和方向来定义一条线段。

☐ 在图像 T 的所有边缘点中，将与线段接近的点与线段连接起来。

☐ 每条线段得到尽可能多的已连接的边缘点。

☐ 重复前三步直到没有足够多的点可以被定义成新的线段。

边缘线段化之后，边缘的信息大体上都得到了保留，而边缘的表达形式则被简化成 $L_U = \left\{ l_{[s_j, e_j]} \right\}_{j=1,\cdots,m}$，其中边缘模板为 U，s_j 和 e_j 分别是第 j 条线段的起始点与终止点的位置。

假设方向范围 $(0\,\pi)$ 被量化为 q 个离散方向通道 $\hat{\Phi} = \left\{ \hat{\phi}_i \right\}$。类比于常规的距离变换 $DTv(x)$，三维（二维坐标 + 方向）距离变换可以写为

$$DT3v\big(x, \phi(x)\big) = \min_{v_j \in V} \big| x - v_j \big| + \lambda \big| \hat{\phi}(x) - \phi(v_j) \big|$$

其中 $\hat{\phi}(x)$ 是 $\phi(x)$ 在 $\hat{\phi}$ 上最接近的量化值。

将边缘线段化后的模板进行方向性倒角匹配的分数计算，可以得到

$$d_{\mathrm{dcm}}(U, V) = \frac{1}{n} \sum_{x_j \in L_U} \sum_{u_i \in l_j} DT3v\big(u_i, \hat{\phi}(l_j)\big)$$

其中，第 i 个方向通道的 $DT3v\big(x, \hat{\phi}_i\big)$ 只计算了在这个方向上所有线段的点的距离。

积分图像是一种图像的中介表示方式。在积分图像中，每个像素点的值是原图中左上区域所有像素的总和。利用积分图像，可以将图像中求某个矩形区域内像素和的计算复杂度减少至 $O(1)$。因此，用积分距离变换的表现形式 $IDT3v$ 来对模板每条线段到输入图像的三维距离变换图像的分数进行计算，可以将计算复杂度减少至 $O(1)$。对于每个方向通道 i，沿着 $\hat{\phi}(i)$ 计算一维积分图像。上述整个流程如图 2-39 所示。

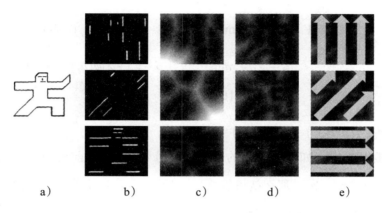

图 2-39　积分距离转换的计算

图 2-39 中，a 是输入图像的边缘图像，b 是边缘被分为离散的方向通道，c 是二维距离变换，d 是加入方向距离的三维距离变换 $DT3$，e 是根据 $DT3$ 计算 $IDT3$。

假设 x_0 是图像的边角点，那么 $IDT3v$ 可以写作

$$IDT3v\left(x,\hat{\phi}_i\right) = \sum_{x_j \in L_{[x_0,x]}} DT3v\left(x_j,\phi_i\right)$$

那么，对于模板 U，方向性倒角匹配的分数计算为

$$d_{\text{dcm}}\left(U,V\right) = \frac{1}{n} \sum_{l_{[s_j,e_j]} \in L_U} \left[IDT3v\left(e_j,\hat{\phi}\left(l_{[s_j,e_j]}\right)\right) - IDT3v\left(s_j,\phi\left(l_{[s_j,e_j]}\right)\right) \right]$$

由此，快速方向性倒角匹配的计算复杂度变为了 $O(m)$，其中 m 是模板边缘图像中线段的数量。同时，生成线段的时间消耗与边缘点呈亚线性关系。所以可以得出，快速方向性倒角匹配的计算复杂度对比原先的 $O(kn)$ 有了明显降低。

此外，快速倒角匹配会对匹配检索区域进行优化。在进行模板匹配的时候，在邻近空间区域距离分数的变化是平缓的，可以通过这一特点降低模板匹配的运算量。假设二维变量 δ 表示模板在匹配图像上的移动，那么 d_{dcm} 的变化为

$$d_{\mathrm{dcm}}\left(U+\delta,V\right) = \frac{1}{n}\sum_{u_i \in U}\min_{v_i \in V}\left|u_i + \delta - v_j\right| + \lambda\left|\phi\left(u_i\right) - \phi\left(v_j\right)\right|$$

$$\leqslant \frac{1}{n}\sum_{u_i \in U}\min_{v_i \in V}\left|u_i + \delta - v_j\right| + \lambda\left|\phi\left(u_i\right) - \phi\left(v_j\right)\right|$$

$$= \left|\delta\right| + d_{\mathrm{dcm}}\left(U,V\right)$$

所以 $d_{\mathrm{dcm}}\left(U+\delta,V\right) - d_{\mathrm{dcm}}\left(U,V\right) \leqslant \left|\delta\right|$。

在模板匹配中，如果已求得的最小距离分数是 ε，当前模板匹配到的区域距离分数是 ψ（$\varepsilon < \psi$），那么就可以略过之后的 $\left|\psi - \varepsilon\right|$ 个像素的距离计算。这也降低了方向性倒角匹配的运算量。

因此，快速方向性倒角匹配通过积分距离变换的计算与检索区域优化两个方面大幅度地降低了方向性倒角匹配消耗的时间。

小结

本节主要介绍了几种边缘检测算子。算子的本质也是模板，使用方式与滤波器类似。边缘检测的输入一般为平滑处理后的灰度图像，输出为高亮边缘线条与黑底的二值图像。其中，一阶导数边缘检测算子使用简单，如 Sobel 算子和 Prewitt 算子，主要作为 Canny 算子中的一个计算步骤。二阶导数边缘检测算子（Laplacian 算子）可以较完整地保留细小的边缘，但容易受噪声的干扰，也常常用于更复杂算法的预处理。Canny 算子边缘检测是一种效果理想且应用最为广泛的边缘检测方法。同时本节也提出了一种对边缘图像进行模板匹配的方法——倒角匹配，以及快速方向性倒角匹配的优化方案。

2.6　位姿估计

位姿用来表征一段摄像机的输入视频流中的识别图或者一个感兴趣的物体在特定坐标系下的位置和方向。一个刚性物体在三维空间中有六个自由度的移动方式，即 6DOF（Degree of Freedom）。六个自由度分别是在 x、y、z 轴方向上的位移和绕着三个轴的旋转，所以一个刚体在三维空间中的状态（位姿）是由这六个自由参数共同决定的。

位姿估计用于确定一张平面图像中的特定物体在其坐标系下的位姿。当已知一个立体物体在真实世界中的三维坐标点与其在一张平面图像中对应的二维坐标点时，可以用这种方法估计该物体的旋转和位移。

已知配对的三维坐标点和二维坐标点为 $\{X_i, x_i\}(i=1, 2, \cdots, N)$，求该物体的位姿矩阵 P。因为 $x=PX$，所以这里的位姿 P 也是摄像机内部参数矩阵和摄像机外部参数矩阵。

首先，在齐次坐标系下，建立三维坐标点和平面图像点之间的关系：

$$\begin{pmatrix} x \\ y \\ z \end{pmatrix} = \begin{pmatrix} p_1 & p_2 & p_3 & p_4 \\ p_5 & p_6 & p_7 & p_8 \\ p_9 & p_{10} & p_{11} & p_{12} \end{pmatrix} \begin{pmatrix} X \\ Y \\ Z \\ 1 \end{pmatrix} = \begin{pmatrix} P_1^{\mathrm{T}} \\ P_2^{\mathrm{T}} \\ P_3^{\mathrm{T}} \end{pmatrix} X$$

我们一般使用的 2D、3D 坐标系都是笛卡儿坐标系。齐次坐标系就是用 $N+1$ 维来表示 N 维坐标。可以在笛卡儿坐标末尾加上一个额外的变量来形成齐次坐标，因此，平面图像上的点 (x', y') 在齐次坐标系里变成了 (x, y, z)，并且有

$$x' = x / z$$
$$y' = y / z$$

所以

$$x' = \frac{p_1^{\mathrm{T}} X}{p_3^{\mathrm{T}} X}, \ y' = \frac{p_2^{\mathrm{T}} X}{p_3^{\mathrm{T}} X}$$

$$\Rightarrow \begin{array}{l} p_1^{\mathrm{T}} X - p_3^{\mathrm{T}} X x' = 0 \\ p_1^{\mathrm{T}} X - p_3^{\mathrm{T}} X y' = 0 \end{array}$$

用矩阵形式表示为

$$\begin{pmatrix} \boldsymbol{X}^{\mathrm{T}} & 0 & -x'\boldsymbol{X}^{\mathrm{T}} \\ 0 & \boldsymbol{X}^{\mathrm{T}} & -y'\boldsymbol{X}^{\mathrm{T}} \end{pmatrix} \begin{pmatrix} p_1 \\ p_2 \\ p_3 \end{pmatrix} = 0$$

对于存在 N 个配对点的情况，构造线性齐次方程组：

$$\boldsymbol{AP} = \begin{pmatrix} \boldsymbol{X}_1^{\mathrm{T}} & 0 & -x'\boldsymbol{X}_1^{\mathrm{T}} \\ \boldsymbol{X}_1^{\mathrm{T}} & 0 & -y'\boldsymbol{X}_1^{\mathrm{T}} \\ \vdots & \vdots & \vdots \\ \boldsymbol{X}_N^{\mathrm{T}} & 0 & -x'\boldsymbol{X}_N^{\mathrm{T}} \\ \boldsymbol{X}_N^{\mathrm{T}} & 0 & -y'\boldsymbol{X}_N^{\mathrm{T}} \end{pmatrix} \begin{pmatrix} p_1 \\ p_2 \\ p_3 \end{pmatrix} = 0 \text{，其中 } \boldsymbol{P} = \begin{pmatrix} p_1 \\ p_2 \\ p_3 \end{pmatrix}$$

$\boldsymbol{P}$ 的最优解就是 $\boldsymbol{V}$ 的最小奇异值对应的列向量（对 $\boldsymbol{A}$ 进行奇异值分解，$\boldsymbol{A} = \boldsymbol{UDV}^{\mathrm{T}}$）。

在已求得位姿 $\boldsymbol{P}$ 的情况下，进一步分解矩阵 $\boldsymbol{P}$ 可以得到摄像机的内部参数矩阵和外部参数矩阵，其中外部参数矩阵中就包含物体旋转和位移的转换信息。

$$\boldsymbol{P} = \left(\begin{array}{ccc|c} p_1 & p_2 & p_3 & p_4 \\ p_5 & p_6 & p_7 & p_8 \\ p_9 & p_{10} & p_{10} & p_{12} \end{array} \right)$$

$\boldsymbol{P} = \boldsymbol{K}(\boldsymbol{R}|\boldsymbol{T}) = \boldsymbol{K}(\boldsymbol{R}|-\boldsymbol{Rc}) = (\boldsymbol{M}|-\boldsymbol{Mc})$，其中 $\boldsymbol{K}$ 是摄像机内部参数矩阵，$\boldsymbol{R}$ 是旋转矩阵，$\boldsymbol{T}$ 是位移矩阵。

c 是摄像机平面图像中心坐标，c 经过投影矩阵 $\boldsymbol{P}$ 之后可以还原到真实世界坐标系中的原点。因此有 $\boldsymbol{Pc} = 0$。运用对 $\boldsymbol{P}$ 的奇异值分解，得到 c 的解就是 $\boldsymbol{P}$ 的最小奇异值对应的列向量。又由 $\boldsymbol{T} = -\boldsymbol{Mc}$ 得出相应的位移矩阵。

对于矩阵 $\boldsymbol{M} = \boldsymbol{KR}$，根据矩阵的 $\boldsymbol{RQ}$ 分解，可以解出 $\boldsymbol{M}$ 分解出的一个上三角矩阵（$\boldsymbol{K}$）和一个正交矩阵（$\boldsymbol{R}$），即是所求旋转矩阵。

2.7　用于运动状态预测的滤波器

这类用于估计物体运动状态的滤波器都是基于贝叶斯原理发展而来的。贝叶斯原理的实质是用所有已知信息来构造系统状态变量的后验概率密度，即用系统模型预测状态的先验概率密度，再用最新观测的数据进行修正，得到后验概率密度。通过观测数据来计算状态变量取不同值的置信度，由此获得状态的最优估计。贝叶斯滤波器就是基于贝叶斯的基本思想设计的，在此基础上，又有了粒子滤波器和卡尔曼滤波器。

2.7.1　贝叶斯滤波器

动态系统的目标追踪问题可以用图 2-40 的状态空间模型来描述。

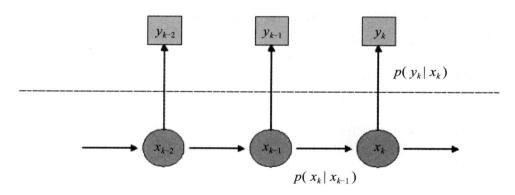

图 2-40　目标跟踪状态空间模型

在目标追踪问题中，动态系统状态空间模型的状态方程和测量方程如下：

$$x_k = f(x_{k-1}) + u_{k-1}, \quad y_k = h(x_k) + v_k$$

其中 $f(.)$ 和 $h(.)$ 分别为状态转移方程与观测方程，x_k 为系统状态，v_k 为观测值，u_k 为过程噪声，v_k 为观测噪声，这些噪声都是独立分布的。这里用 $X_k = x_{0:k} = \{x_0, x_1, \cdots, x_k\}$ 与 $Y_k = y_{0:k} = \{y_0, y_1, \cdots, y_k\}$ 分别表示 0 到 k 时刻的所有观测值。在处理目标追踪问题时，通常假设目标的状态转移过程服从一阶马尔可夫模型，即当前时刻的状态 x_k 只与上一时刻的 x_{k-1} 有关。同时，假设观测值 y_k 只与 k 时刻的状态 x_k 有关。

贝叶斯滤波为非线性系统的状态估计问题提供了一种基于概率分布形式的解决方案。贝叶斯滤波将状态视为一个概率推理过程，状态估计问题可以根据之前一系列的已有数据 Y_k（后验知识）递推地计算出当前状态 x_k 的置信度，这个置信度就是后验概率公式 $p(x_k|Y_k)$，进而获得目标状态的最优估计。它需要通过预测和更新两个步骤来递推计算。

预测过程是利用系统模型的状态方程预测状态的先验概率密度，也就是通过已有的先验知识对未来的状态进行猜测。更新过程则利用最新的测量值对先验概率密度进行修正，得到后验概率密度，也就是对之前的猜测进行修正。

贝叶斯滤波的基本假设有三点：

❑ 马尔可夫性假设：t 时刻的状态由 $t-1$ 时刻的状态和 t 时刻的动作决定。t 时刻的观测仅与 t 时刻的状态相关。

❑ 静态环境，即对象周边的环境假设是不变的。

❑ 观测噪声、模型噪声等是相互独立的。

假设已知 $k-1$ 时刻的概率密度函数为 $p(x_{k-1}|Y_{k-1})$，具体过程如下。

预测

由上一时刻的概率密度 $p(x_{k-1}|Y_{k-1})$ 得到 $p(x_k|Y_{k-1})$：

$$p(x_{k-1}|Y_{k-1}) = p(x_k|x_{k-1},Y_{k-1})\, p\,(x_k|Y_k)$$

当 x_{k-1} 已知时，状态 x_k 与 Y_k 相互独立，因此

$$p(x_{k-1}|Y_{k-1}) = p(x_k|x_{k-1})\, p\,(x_k|Y_k)$$

对上式两端的 x_{k-1} 积分，可以得到一阶马尔可夫的假设，即状态 x_k 只由 x_{k-1} 决定。

$$p\left(x_{k-1}|Y_{k-1}\right) = \int p\left(x_k|x_{k-1}\right) p\left(x_k|Y_{k-1}\right) \mathrm{d}x_{k-1}$$

更新

更新过程由 $p(x_{k-1}|Y_{k-1})$ 得到后验概率 $p(x_k|Y_k)$。这个后验概率才是真正有用的，上一步只是预测，这里多了 k 时刻的测量，对上面的预测再进行修正，形成了滤波。这里的后验概率也将代入到下次的预测，形成递推。

在获取 k 时刻的测量 y_k 后，利用贝叶斯公式对先验概率密度进行更新，得到后验概率：

$$p\left(x_k|Y_k\right)=\frac{p\left(y_k|x_k,Y_{k-1}\right)p\left(x_k|Y_{k-1}\right)}{p\left(y_k|Y_{k-1}\right)}$$

由测量方程可知 y_k 只由 x_k 决定，即

$$p\left(y_k|x_k,Y_{k-1}\right)=p\left(y_k|x_k\right)$$

$p(y_k|x_k)$ 又称为似然函数，也是只与测量噪声 v_k 的概率分布有关。代入 $p(x_k|Y_k)$，得到

$$p\left(x_k|Y_k\right)=\frac{p\left(y_k|x_k\right)p\left(x_k|Y_{k-1}\right)}{p\left(y_k|Y_{k-1}\right)}$$

其中，$p(y_k|Y_{k-1})$ 为归一化的常数

$$p\left(y_{k-1}|Y_{k-1}\right)=\int p\left(y_k|x_k\right)p\left(x_k|Y_{k-1}\right)\mathrm{d}x_k$$

至此，贝叶斯滤波的推导告一段落。贝叶斯滤波需要进行积分运算，对于一般非线性、非高斯系统，贝叶斯滤波很难得到后验概率的封闭解析式。因此，现有的非线性滤波器多采用近似的计算方法解决积分问题，以此来获取估计的次优解。获取次优解的一种方案便是基于蒙特卡洛模拟的粒子滤波器。

2.7.2　粒子滤波器

贝叶斯后验概率中的计算要用到积分，为了解决难以直接得到积分的问题，可以使用蒙特卡洛采样来代替计算后验概率。蒙特卡洛模拟是一种利用随

机数求解物理和数学问题的计算方法。蒙特卡洛模拟方法利用所求状态空间中大量的样本点来近似逼近待估计变量的后验概率分布，从而将积分问题转换为有限样本点的求和问题。

假设可以从后验概率 $p(x_k|Y_k)$ 中采样到 N 个独立同分布的随机样本 $x_k^{(i)}$，$i=1,\cdots,N$，那么后验概率的计算可表示为

$$p\left(x_k|Y_k\right)=\frac{1}{N}\sum_{i=1}^{N}\delta\left(x_k-x_k^{(i)}\right)$$

其中，在蒙特卡洛模拟方法中，定义 $f(x)=\delta\left(x_k-x_k^{(i)}\right)$ 是狄拉克函数。

设 $x_k^{(i)}$ 为从后验概率密度函数 $p(x_k|Y_k)$ 中获取的采样粒子，则任意函数 $f(x_k)$ 的期望可以用求和的方式逼近，即

$$E\left[f\left(x_k\right)\big|Y_k\right]=\int f\left(x_k\right)p\left(x_k|Y_k\right)\mathrm{d}x_k=\frac{1}{N}\sum_{i=1}^{N}f\left(x_k^{(i)}\right)$$

也就是对这些采样的粒子的状态值求平均就得到了期望值，即滤波后的值，这里的 $f(x_k)$ 就是每个粒子的状态函数。这就是粒子滤波，只要从后验概率中采样很多粒子，对它们的状态求平均就得到了滤波结果。在实际问题中，后验概率是未知项，这里需要引入重要性采样，即引入一个已知的、容易采样的重要性概率密度函数 $q(x_k|Y_k)$，从中生成采样粒子，利用这些随机样本的加权和来逼近后验滤波的概率密度 $p(x_k|Y_k)$。令 $\left\{x_k^{(i)},w_k^{(i)},i=1,\cdots,N\right\}$ 为一个粒子集，其中 $x_k^{(i)}$ 为 k 时刻的第 i 个粒子的状态，其相应的权值为 $w_k^{(i)}$，则任意函数 $f(x_k)$ 的期望可以改写为

$$E\left[f\left(x_k\right)\big|Y_k\right]=\frac{1}{N}\sum_{i=1}^{N}f\left(x_k^{(i)}\right)w_k^{(i)}$$

估计后验滤波概率需要利用所有观测数据，每当有新的观测数据时都需要重新计算整个状态序列的重要性权值。这里应用序贯重要性采样（Sequential Importance Sampling，SIS）实现后验滤波密度的递推估计。这也是粒子滤波的

基础。

假设重要性概率密度函数为 $q(x_{0:k}|Y_{1:k})$，其中 x 的下标为 $0:k$，说明粒子滤波是估计过去所有时刻状态的后验。假设它可以分解为

$$q(x_{0:k}|y_{1:k}) = q(x_{0:k-1}|y_{1:k-1}) \, q(x_k|x_{0:k}, y_{1:k})$$

则后验概率的递归形式可以表示为

$$p(x_{0:k}|Y_k) = \frac{p(y_k|x_{0:k}, Y_{k-1}) p(x_{0:k}|Y_{k-1})}{p(y_k|Y_{k-1})}$$

$$= \frac{p(y_k|x_{0:k}, Y_{k-1}) p(x_k|x_{0:k-1}, Y_{k-1}) p(x_{0:k-1}|Y_{k-1})}{p(y_k|Y_{k-1})}$$

$$= \frac{p(y_k|x_k) p(x_k|x_{k-1}) p(x_{0:k-1}|Y_{k-1})}{p(y_k|Y_{k-1})}$$

$$\propto p(y_k|x_k) p(x_k|x_{k-1}) p(x_{0:k-1}|Y_{k-1})$$

粒子权值 $w_k^{(i)}$ 的递归形式可以表示为

$$w_k^{(i)} \propto \frac{p(x_{0:k}^{(i)}|Y_k)}{q(x_{0:k}^{(i)}|Y_k)}$$

$$= \frac{p(y_k|x_k^{(i)}) p(x_k^{(i)}|x_{k-1}^{(i)}) p(x_{0:k-1}^{(i)}|Y_{k-1})}{q(x_k^{(i)}|x_{0:k-1}^{(i)}, Y_k) q(x_k^{(i)}|Y_{k-1})}$$

$$= w_{k-1}^{(i)} \frac{p(y_k|x_k^{(i)}) p(x_k^{(i)}|x_{k-1}^{(i)})}{q(x_k^{(i)}|x_{0:k-1}^{(i)}, Y_k)}$$

在实际应用中，递推计算出 $w_k^{(i)}$ 后要进行归一化，才可以代入函数 $f(x_k)$ 的期望公式中计算期望值。对粒子的权值进行归一化后，得

$$w_k^{(i)} = \frac{w_k^{(i)}}{\sum_{i=1}^{N} w_k^{(i)}}$$

由此可以总结出序贯重要性采样滤波的工作流程，即从重要性概率密度函

数中生成采样粒子，并随着测量值的依次到来递推求得相应的权值，最终以粒子加权和的形式来描述后验滤波概率密度，进而得到状态估计。序贯重要性采样滤波用伪代码描述如下：

$$\left[\left\{x_k^{(i)}, w_k^{(i)}\right\}_{i-1}^N\right] = \text{SIS}\left(\left\{x_k^{(i)}, w_k^{(i)}\right\}_{i-1}^N, Y_k\right)$$

```
for i=1: N
```
时间更新，采样：

$$x_k^{(i)} \approx q\left(x_k^{(i)}, x_{k-1}^{(i)}, Y_k\right)$$

测量更新，根据最新观测值计算粒子权值：

$$w_k^{(i)} \propto w_{k-1}^{(i)} \frac{p\left(y_k \middle| x_k^{(i)}\right) p\left(x_k^{(i)} \middle| x_{k-1}^{(i)}\right)}{q\left(x_k^{(i)} \middle| x_{0:k-1}^{(i)}, Y_k\right)}$$

```
end for
```
权值归一化并计算目标状态，这是粒子滤波算法的前身。但是在实际应用中，会出现粒子权重退化的问题，即经过几次迭代之后，许多粒子的权重都变得很小，只有少数粒子权重较大。并且粒子权值的方差随着时间增大，状态空间中的有效粒子较少，使得估计性能下降。通常采用粒子的有效粒子数 N_{eff} 来衡量粒子权值的退化程度：

$$N_{\text{eff}} = \frac{N}{1 + \text{var}\left(w_k^{*(i)}\right)}$$

$$w_k^{*(i)} = \frac{p\left(x_k^{(i)} \middle| Y_k\right)}{q\left(x_k^{(i)} \middle| Y_k\right)}$$

有效粒子数越少，即权重的方差越大，也就是权重的大和小之间差距大，表示权值退化越严重。在实际计算中，有效粒子数 N_{eff} 可以近似为

$$\hat{N}_{\text{eff}} = \frac{1}{\sum_{i=1}^N \left(w_k^{(i)}\right)^2}$$

在实施序贯重要性采样时，若上式小于设定的阈值，则应当加以控制。要克服序贯重要性采样的权值退化，一般可以采用重采样的方法。

简单来说，重采样就是舍弃权值较小的粒子，代之以权值较大的粒子复制品。权值较大的粒子也是依据它们自身的权值去分配在所有复制的粒子总数中所占的比例。之前说明了求期望可以变成如下加权和的形式：

$$p\left(x_k \middle| Y_k\right) = \sum_{i=1}^{N} w_k^{(i)} \delta\left(x_k - x_k^{(i)}\right)$$

经过重采样后，希望表示成

$$\tilde{p}\left(x_k \middle| Y_k\right) = \sum_{j=1}^{N} \frac{1}{N} \delta\left(x_k - x_k^{(j)}\right) = \sum_{i=1}^{N} \frac{n_i}{N} \delta\left(x_k - x_k^{(i)}\right)$$

$x_k^{(i)}$ 是 k 时刻的粒子，$x_k^{(i)}$ 是 k 时刻重采样以后的粒子，n_i 是指某一粒子 $x_k^{(i)}$ 被复制的次数。在重采样过程中，大权值粒子被复制的期望 $E\left(n_i \middle| w_k^{1:N}\right) = N w_k^{(i)}$，且被复制后所有粒子的权重都是 $1/N$。

将重采样的方法放入之前的序贯重要性采样算法中，形成了基本的粒子滤波算法。所以总结出标准的粒子滤波的算法流程为：

❑ 粒子集的初始化，初始状态 k=0。对于 i=1, …, N，由先验 $p(x_0)$ 生成采样粒子 $\left\{x_0^{(i)}\right\}_{i=1}^{N}$。

❑ 对于 k=1, 2, …，循环以下步骤：

  ● 重要性采样：对于 i=1, …, N，从重要性概率密度中生成采样粒子 $\left\{\tilde{x}_k^{(i)}\right\}_{i=1}^{N}$，并计算权值 $\tilde{w}_k^{(i)}$，进行归一化。

  ● 重采样：对粒子集 $\left\{\tilde{x}_k^{(i)}, \tilde{w}_k^{(i)}\right\}$ 进行重采样，重采样后的粒子集为 $\left\{x_k^{(i)}, 1/N\right\}$。

  ● 输出：计算 k 时刻的状态估计值，$\hat{x}_k = \sum_{i=1}^{N} \tilde{x}_k^{(i)} \tilde{w}_k^{(i)}$。

图 2-41 是标准粒子滤波器的算法示意图：

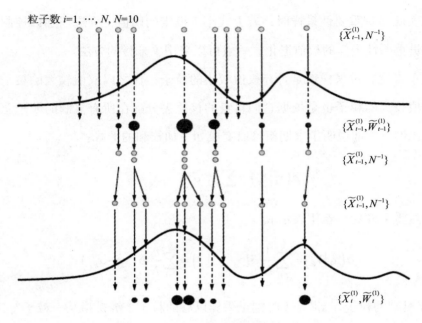

图 2-41 粒子滤波器的算法示意图

2.7.3 卡尔曼滤波器

卡尔曼滤波器是贝叶斯滤波器的一种特例，是在线性滤波的前提下，以最小均方误差为最佳准则的。采用最小均方误差准则作为最佳滤波准则的原因在于这种准则下的理论分析比较简单，因而可以得到解析结果。贝叶斯估计要求对观测值作概率描述，线性最小均方误差估计却放松了要求，不再涉及所用的概率假设，而只保留对前两阶矩的要求。

卡尔曼滤波器是一种高效率的递归滤波器，它能够从一系列不完全以及包含噪声的测量中，估计动态系统的状态，因此可用于最大限度地使用测量结果来估计移动物体的运动。与其说它属于滤波器，不如说属于最优控制的范畴。

卡尔曼滤波器的重要假设与贝叶斯滤波器的三个假设相同。

假设卡尔曼滤波器 k 时刻的真实状态是从 $k-1$ 时刻演化而来，符合下式：

$$x_k = F_k x_{k-1} = B_k u_k + w_k$$

其中，$\boldsymbol{F}_k$ 是作用在 $\boldsymbol{x}_{k-1}$ 上的状态变换矩阵。$\boldsymbol{u}_k$ 为系统的测量输入。$\boldsymbol{B}_k$ 将输入 $\boldsymbol{u}_k$ 转换为状态的矩阵。$\boldsymbol{w}_k$ 是过程噪声，并假定其符合均值为 0、协方差矩阵为 $\boldsymbol{Q}_k$ 的多元正态分布，即 $\boldsymbol{w}_k \sim N(0, \boldsymbol{Q}_k)$。

在 k 时刻，假设对真实状态 $\boldsymbol{x}_k$ 的一个测量 $\boldsymbol{z}_k$ 符合下式：

$$\boldsymbol{z}_k = \boldsymbol{H}_k \boldsymbol{x}_k + \boldsymbol{v}_k$$

其中 $\boldsymbol{H}_k$ 是观测模型，它把真实状态空间映射成观测空间。$\boldsymbol{v}_k$ 是观测噪声，并且满足均值为 0，协方差矩阵为 $\boldsymbol{R}_k$，且服从正态分布，即 $\boldsymbol{v}_k \sim N(0, \boldsymbol{R}_k)$。初始状态以及每一时刻的噪声 $\{\boldsymbol{x}_0, \boldsymbol{w}_1, \cdots, \boldsymbol{w}_k, \boldsymbol{v}_1, \cdots \boldsymbol{v}_k\}$ 都是互相独立的。

卡尔曼基本动态系统模型如图 2-42 所示，其中，圆圈代表向量，方块代表矩阵，星形框代表高斯噪声，其协方差在右下方标出。

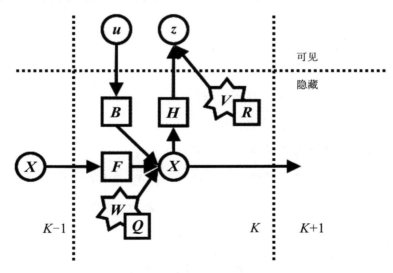

图 2-42 卡尔曼基本动态系统模型

如之前所说，卡尔曼滤波是一种递归的估计，即只要获知上一时刻状态的估计值以及当前状态的观测值就可以计算出当前状态的估计值，因此不需要记录观测或者估计的历史信息。

用 $x_{n|m}$ 代表已知从 m 到 $n-1$（包括 m 时刻）的观测在 n 时刻的估计值。那

么卡尔曼滤波器的状态由以下两个变量表示：$\hat{x}_{k|k}$ 表示 k 时刻以前时刻的观测值在 k 时刻的状态估计值；$P_{k|k}$ 为后延估计误差协方差矩阵，用来度量估计值的精确程度。

卡尔曼滤波包括两个阶段：估计和更新。在估计阶段，滤波器应用上一状态的估计做出对当前状态的估计。在更新阶段，滤波器利用在当前状态的观测值优化预测阶段的预测值，以获得一个更精确的当前状态的估计。

预测

状态预测：$x_{k|k-1} = F_k \hat{x}_{k-1|k-1} + B_{k-1} u_{k-1}$

估计协方差预测：$P_{k|k-1} = F_k P_{k-1|k-1} + Q_{k-1}$

更新

首先计算出以下三个量：

❑ 测量余量：$\tilde{y}_k = z_k - H_k \hat{x}_{k|k-1}$

❑ 测量余量协方差：$S_k = H_k P_{k|k-1} H_k^{\mathrm{T}} + R_k$

❑ 最优卡尔曼增益：$K_k = P_{k|k-1} H_k^{\mathrm{T}} S_k^{-1}$

然后用它们来更新滤波器变量 x 与 P。

❑ 由一般的反馈思想可得更新的估计状态：$\hat{x}_{k|k} = x_{k|k-1} + K_K \tilde{y}_k$

❑ 更新的误差协方差矩阵估计：$P_{k|k} = (I - K_k H_k) P_{k|k-1}$

推导过程如下：

$$P_{k|k} = \mathrm{cov}\left(x_k - \hat{x}_{k|k}\right)$$

代入 $\hat{x}_{k|k}$，得

$$P_{k|k} = \mathrm{cov}\left(x_k - \left(\hat{x}_{k|k-1} + K_K \tilde{y}_k\right)\right)$$

代入 $\tilde{y}_k$，得

$$P_{k|k} = \mathrm{cov}\left(x_k - \left(\hat{x}_{k|k-1} + K_K \left(z_k - H_k x_{k|k-1}\right)\right)\right)$$

代入 z_k, 得

$$P_{k|k} = \mathrm{cov}\Big(x_k - \big(\hat{x}_{k|k-1} + K_K\big(H_k x_k + v_k - H_k x_{k|k-1}\big)\big)\Big)$$

整理上式, 得

$$P_{k|k} = \mathrm{cov}\Big(\big(I - K_k H_k\big)\big(x_k - \hat{x}_{k|k-1}\big) - K_k v_k\Big)$$

因为测量误差 v_k 与系统状态变量 x 是相互独立的, 于是

$$P_{k|k} = \mathrm{cov}\Big(\big(I - K_k H_k\big)\big(x_k - \hat{x}_{k|k-1}\big)\Big) + \mathrm{cov}\big(K_k v_k\big)$$

利用协方差的性质, 此式可以写作

$$P_{k|k} = \big(I - K_k H_k\big)\mathrm{cov}\big(x_k - \hat{x}_{k|k-1}\big)\big(I - K_k H_k\big)^{\mathrm{T}} + K_k \mathrm{cov}\big(v_k\big)K_k^{\mathrm{T}}$$

又因为 $P_{k|k-1} = \mathrm{cov}\big(x_k - \hat{x}_{k|k-1}\big), R_k = \mathrm{cov}\big(v_k\big)$, 所以上式改写为

$$P_{k|k} = \big(I - K_k H_k\big)P_{k|k-1}\big(I - K_k H_k\big)^{\mathrm{T}} + K_k R_k K_k^{\mathrm{T}}$$

这一公式对于任意卡尔曼增益 K_k 都成立。如果 K_k 是最优卡尔曼增益, 则可以作进一步简化, 得

$$P_{k|k} = P_{k|k-1} - K_k H_k P_{k|k-1} - P_{k|k-1} H_k^{\mathrm{T}} K_k^{\mathrm{T}} + K_k\big(H_k P_{k|k-1} H_k^{\mathrm{T}} + R_k\big)K_k^{\mathrm{T}}$$
$$= P_{k|k-1} - K_k H_k P_{k|k-1} - P_{k|k-1} H_k^{\mathrm{T}} K_k^{\mathrm{T}} + K_k S_k K_k^{\mathrm{T}}$$

协方差矩阵的对角线元素就是方差, 把矩阵 $P_{k|k}$ 的对角线元素求和, 用字母 T 来表示这种算子, 叫作矩阵的迹。

$$T\big(P_{k|k}\big) = T\big(P_{k|k-1}\big) - 2T\big(K_k H_k P_{k|k-1}\big) + T\big(K_k S_k K_k^{\mathrm{T}}\big)$$

最小均方差就是使得上式最小。当矩阵倒数为 0 时, 得到矩阵 $P_{k|k}$ 的迹的最小值, 那么

$$\frac{\mathrm{d}T\big(P_{k|k}\big)}{\mathrm{d}K_k} = -2\big(H_k P_{k|k-1}\big)^{\mathrm{T}} + 2K_k S_k = 0$$

得到 $K_k = P_{k|k-1} H_k^{\mathrm{T}} S_k^{-1}$。

算式 K_k 中，转换矩阵 H_k 为常数，S_k 式中的噪声协方差 R_k 也是常数，因此 K_k 的大小只与预测值的误差协方差有关。进一步假设，上式中的矩阵维数都为 1×1，并假设 $H_k=1$，$P_{k|k}H_k$ 不为 0。那么 K_k 可以写成如下形式：

$$K_k = \frac{P_{k|k-1}}{P_{k|k-1} + R_k} = \frac{1}{1 + \dfrac{R_k}{P_{k|k-1}}}$$

所以 $P_{k|k-1}$ 越大，K_k 就越大，权重也将更重视反馈。若 $P_{k|k-1}$ 为 0，也就是预测值与真实值相等，那么 K_k 就等于 0，估计值等于预测值（先验）。

将计算出的 K_k 代入 $P_{k|k}$ 中，可以简化 $P_{k|k}$。首先在最优卡尔曼增益 K_k 两侧都乘以 $K_k S_k$，得到

$$K_k S_k K_k^{\mathrm{T}} = P_{k|k-1} H_k^{\mathrm{T}} K_k^{\mathrm{T}}$$

根据上面的误差协方差公式

$$P_{k|k} = P_{k|k-1} - K_k H_k P_{k|k-1} - P_{k|k-1} H_k^{\mathrm{T}} K_k^{\mathrm{T}} + K_k S_k K_k^{\mathrm{T}}$$

化简得到

$$P_{k|k} = P_{k|k-1} - K_k H_k P_{k|k-1} = \left(I - K_k H_k \right) P_{k|k-1}$$

至此，卡尔曼滤波器的理论推导到此结束，得到的估计状态为

$$\hat{x}_{k|k} = x_{k|k-1} + K_K \tilde{y}_k 。$$

同时，还要计算估计值和真实值之间的误差协方差矩阵，

$$P_{k|k} = \left(I - K_k H_k \right) P_{k|k-1}$$

为下次的递推做准备。

实际上，很多真实世界的动态系统都并不完全符合这个模型，但是由于卡尔曼滤波器可在有噪声的情况下工作，所以一个近似的模型已经可以使这个滤波器非常有用了。基本卡尔曼滤波器是限制在线性的假设之下的。然而，大部分非平凡的系统都是非线性系统。其中的非线性性质可能伴随存在过程模型或

观测模型中，或者两者兼有之。其他更复杂的卡尔曼滤波器的变种中，最有代表性的有扩展卡尔曼滤波器（Extended Kalman Filter，EKF）和无损卡尔曼滤波器（Unscented Kalman Filter，UKF）。

小结

本节介绍的几种滤波器可以较好地实现在有噪声的系统中对系统下一时刻的状态进行估计，再将之前所有时刻归纳得到的先验知识和下一时刻的真实测量值用不同的权重相结合。这类滤波器在增强现实系统和 SLAM 系统中都有广泛应用，即下一帧中目标物体的位姿，是由当前帧和之前帧中得到的先验位姿与下一帧中物体的实时位姿估计按不同权重结合而计算得到的。

2.8 即时定位与地图构建系统

介绍即时定位与地图构建（SLAM）系统前，必须首先引入视觉里程计的概念。视觉里程计是一种利用摄像机的输入图像视频流来估计物体位置随时间的变化的方法。视觉里程计通常作为 SLAM 系统的前端，用于对视频流中图像特征信息的追踪，增量式地估计相邻帧间的摄像机运动。

使用视觉里程计估计邻近帧之间的摄像机运动，这也意味着邻近帧之间的误差会影响之后的轨迹估计，随着时间的推移，轨迹会产生漂移。因此一套完整的 SLAM 系统，还需具有后台的全局优化以及闭环检测两个模块，以获得精确的、全局一致的地图。后台的全局优化方式有 g2o、ceres、GTSAM 几种。加入了后台的优化和闭环检测后，系统需要更多的资源来计算全局优化。在一些不关心全局地图的场合，只考虑视觉里程计而不使用全部的 SLAM 模块会有较好的表现。

根据感兴趣特征信息的稠密程度区分，主流的开源 SLAM 方案可以大致分为以下三类。

（1）稠密法

这类 SLAM 的目的是对摄像机所采集到的所有信息进行三维重建。也就是说，系统需要记录下每一帧图像中所有可用像素的深度数据来进行跟踪和地图构建。因此这种方法需要的计算量也是最大的。有代表性的解决方案有 DTAM和 RGBD-SLAM-V2 等。

（2）稀疏法

这里所说的稠密或者稀疏指的是地图点的稀疏或者稠密程度。这类 SLAM的三维输出是一系列的三维点云，在实际应用中会在这些点云的基础上提取或推理出所需要的空间结构。相对于稠密法，点云需要提取整个画面的所有像素的深度信息，它是稀疏的，也由此得名。目前流行的稀疏 SLAM 解决方案有PTAM 和 ORB-SLAM 等。

（3）半稠密法

顾名思义，半稠密法提取的点集密度介于稠密与稀疏之间，只估计图像中"有信息"区域的像素，而不像稠密法那样估计整个画面中的所有像素。最具代表性的解决方案是 LSD-SLAM。

LSD-SLAM 的提出者 Jakob Engel 在他 2013 年的论文中展现了这三类SLAM 对图像中感兴趣信息的密度区别，其中用 RGB-D 摄像机获取的场景深度作为地面真值（图 2-43）。

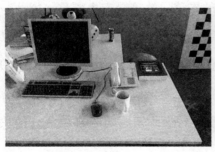 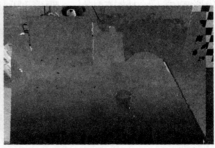

a）原图   b）RGB-D 摄像机采集的深度稠密图

图 2-43 SLAM 系统分类

c）稀疏法　　　　　　　　d）半稠密法　　　　　　　　e）稠密法

图 2-43 （续）

由于计算量过大，稠密 SLAM 很难在一般的增强现实设备上实现。相反，稀疏法和半稠密法都是增强现实中主流的应用算法。本节将会详细介绍两种单目 SLAM 开源解决方案，分别是基于半稠密法的 LSD-SLAM 和基于稀疏特征点的 ORB-SLAM。

2.8.1　单目 LSD-SLAM

LSD-SLAM(Large-Scale Direct Monocular SLAM) 的完整算法流程如图 2-44 所示。

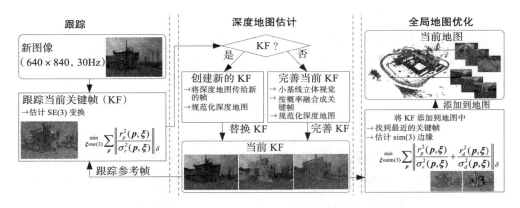

图 2-44　LSD-SLAM 系统流程图

可以看出，LSD-SLAM 系统主要由三个模块组成，分别是跟踪、深度地图估计和全局地图优化。下面就分模块讲解 LSD-SLAM 的实施全过程。

跟踪

这一模块的作用是不断追踪新进入系统的摄像机图像，并估计它们相对于当前关键帧的位姿。

首先，用数据结构 $K_i=(I_i, D_i, V_i)$ 来表示一帧图像，式中的 I 表示从图像到一个是实数的映射，D 表示深度图到正实数的映射，V 表示深度的方差到正实数的映射（这里的深度都是逆深度）。当一帧新的图像进入系统时，认为它与关键帧之间的变换关系（即位姿）为 $\boldsymbol{\xi} \in se(3)$。这个变换关系需要根据关键帧和当前图像的数据优化得到，总误差方程为

$$E_p\left(\boldsymbol{\xi}_{ji}\right) = \sum_{\boldsymbol{p} \in \Omega_{D_i}} \left\|\frac{r_p^2\left(\boldsymbol{p},\boldsymbol{\xi}_{ji}\right)}{\sigma_{r_p\left(\boldsymbol{p},\boldsymbol{\xi}_{ji}\right)}^2}\right\|_\delta$$

其中

$$r_p\left(\boldsymbol{p},\boldsymbol{\xi}_{ji}\right) := I_i\left(\boldsymbol{p}\right) - I_j\left(\omega\left(\boldsymbol{p}, D_i, \boldsymbol{\xi}_{ji}\right)\right)$$

$$\sigma_{r_p\left(\boldsymbol{p},\boldsymbol{\xi}_{ji}\right)}^2 := 2\sigma_I^2 + \left(\frac{\partial r_p\left(\boldsymbol{p},\boldsymbol{\xi}_{ji}\right)}{\partial D_i\left(\boldsymbol{p}\right)}\right)^2 V_i\left(\boldsymbol{p}\right)$$

$\|\cdot\|_\delta$ 表示的是 Huber 标准化：

$$\left\|r^2\right\|_\delta := \begin{cases} \dfrac{r^2}{2\delta}, & |r| \leqslant \delta \\ |r| - \dfrac{\delta}{2}, & \text{其他} \end{cases}$$

上述各式中，可以简单地将 r 看作当前帧和关键帧之间的误差，$\sigma_{r_p(p,\xi_{ji})}^2$ 是误差的方差。对于系统引入的高斯噪声 σ_I^2，可以通过加权迭代高斯牛顿优化法进行最小化。而跟踪的目的即是通过优化总误差 E，算出当前帧与关键帧之间的变换，得到当前的位姿信息。

深度地图估计

深度地图估计的第一步是判断当前帧是不是新的关键帧。关键帧是否重新

创建是根据摄像机的位移来判断的。若摄像机位移足够远，那么就创建一个新的关键帧，否则就利用当前帧来完善关键帧。

如果创建新的关键帧，那么新的关键帧需要将之前关键帧的有效点投影过来，得到新的关键帧的有效点。然后对新的关键帧的深度地图利用尺度因子进行归一化，尺度由 sim(3) 上的摄像机位姿决定，之后就完全替代前一关键帧。

如果利用当前帧来完善关键帧，那么就会使用下文提到的滤波器的方法。

深度地图估计主要由三个过程组成：（1）用立体视觉方法从先前帧得到新的深度估计；（2）帧与帧之间深度图的传递；（3）每次迭代过程中需要进行规范化以及异常点的处理。

首先是基于立体视觉对深度的更新。摄像机输入视频流中，帧与帧之间的逆深度传递是存在误差 σ_d 的。最优的逆深度 $d*$ 可以用带噪声的下列因素作为输入得到：两幅图片 0 和 1 及其相对方向 ξ，以及投影矩阵 $\boldsymbol{\pi}$。在得到深度估计值的同时，计算它的可靠度，即

$$d* = d\left(I_0, I_1, \boldsymbol{\xi}, \boldsymbol{\pi}\right)$$

$d*$ 的误差方差可以写作

$$\sigma_d^2 = \boldsymbol{J}_d \, \boldsymbol{\Sigma} \, \boldsymbol{J}_d^{\mathrm{T}}$$

其中，$\boldsymbol{J}_d$ 是 d 的雅克比行列式，$\boldsymbol{\Sigma}$ 是输入误差的协方差矩阵。

对上述的公式的运算可以分为三步：第一步是参考帧上极线的计算；第二步是在极线上得到最好的匹配位置 $\lambda*$；第三步是通过匹配位置 $\lambda*$ 计算最佳的深度 $d*$。在前两步中掺杂了两个独立的误差来源：几何误差（来源于 ξ 和 π），影响第一步的计算；图像误差（来源于图像 I_0 和 I_1），影响第二步的计算。第三步将这些误差根据极线量化。

假设极线 $L \subset \mathbb{R}^2$，极线 L 可以被定义为

$$L := \left\{ l_0 + \lambda \begin{pmatrix} l_x \\ l_y \end{pmatrix} \middle\| \lambda \in S \right\}$$

其中 λ 是极线差异，S 是检索间隔，$(l_x, l_y)^{\mathrm{T}}$ 是极线单位标准化后的方向向量，l_0 表示一个对应无线深度的点。现在假设线段 l_0 受到高斯噪声 ε_l 的影响，在实际应用中，应保证极线尽可能短，旋转的影响尽可能小，才能让这种近似更接近。

如图 2-45 所示，虚线是图像的等值线，等值线上的两个点是同样深度的点，L 是极线，ε_l 是极线的高斯误差，ε_λ 是几何误差。很明显，如果 L 平行于图像梯度方向，实际上误差会比较小（左图），反之误差会很大（右图）。这样的关系符合公式

$$l_0 + \lambda * \begin{pmatrix} l_x \\ l_y \end{pmatrix} \overset{!}{=} g_o + \gamma \begin{pmatrix} -g_x \\ g_y \end{pmatrix}$$

其中，$g := (g_x, g_y)$ 是图像的梯度，g_o 是等值线上的点。

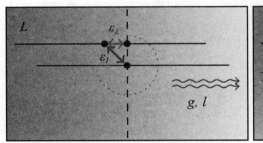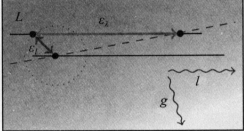

图 2-45　几何误差

所以得到的 $\lambda *$ 优化为

$$\lambda * (l_0) = \frac{\langle g, g_o - l_0 \rangle}{\langle g, l \rangle}$$

而几何误差最终可以写成

$$\sigma^2_{\lambda(\xi,\pi)} = \boldsymbol{J}_{\lambda*(l_0)} \begin{pmatrix} \sigma_l^2 & 0 \\ 0 & \sigma_l^2 \end{pmatrix} \boldsymbol{J}^{\mathrm{T}}_{\lambda*(l_0)} = \frac{\sigma_l^2}{\langle g, l \rangle^2}$$

这个误差与图像 I_0 和 I_1 无关。

接下来介绍图像误差。如图 2-46 所示，若图像的梯度很小，则很小的图像强度误差将造成很大的影响（右图）。反之，若图像的梯度很大，则误差造成的影响就比较小（左图）。

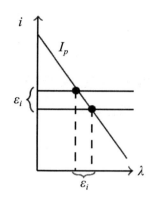 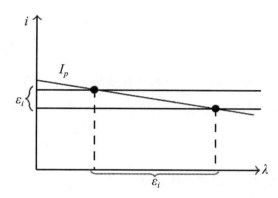

图 2-46 图像差异

用数学公式表达，希望下式最小

$$\lambda^* = \min_{\lambda}\left(i_{\mathrm{ref}} - I_p\left(\lambda\right)\right)^2$$

其中 i_{ref} 是参考灰度，$I_p(\lambda)$ 是在极线上差异为 λ 时的图像强度。假设初始化的差异 λ_0 已经被定义，那么对 λ^* 用一阶泰勒近似，得到

$$\lambda^*\left(I\right) = \lambda_0 + \left(i_{\mathrm{ref}} - I_p\left(\lambda\right)\right)g_p^{-1}$$

其中 g_p 是图像的梯度。

而图像误差可以写成

$$\sigma_{\lambda^*(I)}^2 = \boldsymbol{J}_{\lambda^*(I)}\begin{pmatrix}\sigma_i^2 & 0 \\ 0 & \sigma_i^2\end{pmatrix}\boldsymbol{J}_{\lambda^*(I)}^{\mathrm{T}} = \frac{2\sigma_i^2}{g_p^2}$$

最后一步是计算像素的逆深度。在摄像机旋转小的情况下，逆深度 d 与差异 λ 是成正比的，所以逆深度的观测方差 $\sigma_{d,\mathrm{obs}}^2$ 可以写成

$$\sigma_{d,\mathrm{obs}}^2 = \alpha^2\left(\sigma_{\lambda(\xi,\pi)}^2 + \sigma_{\lambda(I)}^2\right)$$

比例 $\alpha := \delta_d / \delta_\lambda$，其中 δ_d 是检索逆深度的间隔长度，δ_λ 是检索的极线段长度。

在得到上面三个误差之后要将误差数据进行融合，来更新深度的估计。通过卡尔曼滤波器来实现这一步

$$N\left(\frac{\sigma_p^2 d_0 + \sigma_0^2 d_p}{\sigma_p^2 + \sigma_0^2}, \frac{\sigma_p^2 \sigma_0^2}{\sigma_p^2 + \sigma_0^2}\right)$$

在实现了新一帧的深度估计之后，需要将这一帧的深度信息传递到下一帧。假设摄像机的旋转角很小，那么下一帧的逆深度 d_1 可以近似为

$$d_1(d_0) = \left(d_0^{-1} - t_z\right)^{-1}$$

其中 t_z 是摄像机的位移。

d_1 的方差可以写作

$$\sigma_{d_1}^2 = \boldsymbol{J}_{d_1} \sigma_{d_0}^2 \boldsymbol{J}_{d_1}^{\mathrm{T}} + \sigma_p^2 = \left(\frac{d_1}{d_0}\right)^4 \sigma_{d_0}^2 + \sigma_p^2$$

其中 σ_p^2 是预测的不确定度，与卡尔曼滤波的预测相关。

深度地图估计的最后一步是将深度图正则化。即对于每一帧，使用一个正则迭代，把每个像素与其周边的加权深度作为该点的深度值。假如两个相邻像素的深度差值远大于 2σ，便不做这个处理。在处理过后，各自的方差也保持不变。

全局地图优化

对于单目 SLAM 系统来说，绝对尺度是不可能直接测量得到的。也就是说，系统不可能通过一个摄像机判断眼前物体的绝对真实距离，只能够得到眼前所有物体的相对深度信息。绝对尺度的不可得，导致摄像机经过长时间的运动后，对深度的估计会产生尺度漂移，这也是单目 SLAM 系统误差的主要来源之一。所以需要引入全局地图优化的概念，寻找摄像机运动轨迹上所有关键帧的深度地图的内在关联，取它们的平均深度作为系统的尺度。

下面介绍一种校准两关键帧深度的方法，这种方法是在 sim(3) 空间上进行的。除了图像误差 r_p，还引入深度误差 r_d，估计其中一幅关键帧到另一幅关键帧之间尺度的变换。那么总误差函数可以写成

$$E\left(\boldsymbol{\xi}_{ji}\right) := \sum_{\boldsymbol{p}\in\Omega_{D_i}} \left\| \frac{r_p^2\left(\boldsymbol{p},\boldsymbol{\xi}_{ji}\right)}{\sigma_{r_p\left(\boldsymbol{p},\boldsymbol{\xi}_{ji}\right)}^2} + \frac{r_d^2\left(\boldsymbol{p},\boldsymbol{\xi}_{ji}\right)}{\sigma_{r_d\left(\boldsymbol{p},\boldsymbol{\xi}_{ji}\right)}^2} \right\|_{\delta}$$

其中，r_p^2 和 $\sigma_{r_p}^2$ 的定义与跟踪步骤中的位姿总误差公式相同。深度误差和它的方差为

$$r_d\left(\boldsymbol{p},\boldsymbol{\xi}_{ji}\right) := \left[\boldsymbol{p}'\right]_3 - D_j\left(\left[\boldsymbol{p}'\right]_{1,2}\right)$$

$$\sigma_{r_d\left(\boldsymbol{p},\boldsymbol{\xi}_{ji}\right)}^2 := V_j\left(\left[\boldsymbol{p}'\right]_{1,2}\right)\left(\frac{\partial r_d\left(\boldsymbol{p},\boldsymbol{\xi}_{ji}\right)}{\partial D_j\left(\left[\boldsymbol{p}'\right]_{1,2}\right)}\right)^2 + V_i\left(\boldsymbol{p}\right)\left(\frac{\partial r_d\left(\boldsymbol{p},\boldsymbol{\xi}_{ji}\right)}{\partial D_i\left(\boldsymbol{p}\right)}\right)^2$$

其中，$\boldsymbol{p}' := \omega_s\left(\boldsymbol{p},D_i\left(\boldsymbol{p}\right),\boldsymbol{\xi}_{ji}\right)$ 是转换点集。通过让总误差 $E(\boldsymbol{\xi}_{ji})$ 最小，来得到两帧之间深度的变换关系。

当新的关键帧 K_i 插入全局地图时，取与之最接近的十幅关键帧 $K_{i1},\cdots,K_{jn}$ 来寻找全局地图中的闭环。为了防止错误的插入，采用相互的追踪检测：对所有潜在的 K_{jk}，分别计算其相互之间的变换 ξ_{j_ki} 和 ξ_{ij_k}。相似度衡量公式为

$$e\left(\boldsymbol{\xi}_{j_ki},\boldsymbol{\xi}_{ij_k}\right) := \left(\boldsymbol{\xi}_{j_ki}\circ\boldsymbol{\xi}_{ij_k}\right)^{\mathrm{T}}\left(\boldsymbol{\Sigma}_{j_ki} + \mathrm{Adj}_{j_ki}\boldsymbol{\Sigma}_{ij_k}\boldsymbol{\Sigma}_{j_ki}\mathrm{Adj}_{j_ki}^{\mathrm{T}}\right)^{-1}\left(\boldsymbol{\xi}_{j_ki}\circ\boldsymbol{\xi}_{ij_k}\right)$$

这个数值足够小，说明相似度极高，在这样的情况下，才将新来的关键帧插入地图中。

最后执行图优化（g2o）对系统中保存的所有帧（W）在后端进行持续优化，即不断使下述误差公式最小化：

$$E\left(\boldsymbol{\xi}_{W_1}\cdots\boldsymbol{\xi}_{W_n}\right) := \sum_{\left(\boldsymbol{\xi}_{ji},\boldsymbol{\Sigma}_{ji}\right)\in\varepsilon} \left(\boldsymbol{\xi}_{ji}\circ\boldsymbol{\xi}_{W_i}^{-1}\circ\boldsymbol{\xi}_{W_j}\right)^{\mathrm{T}}\boldsymbol{\Sigma}_{ji}^{-1}\left(\boldsymbol{\xi}_{ji}\circ\boldsymbol{\xi}_{W_i}^{-1}\circ\hat{\boldsymbol{\imath}}_{W_j}\right)$$

以上即为 LSD-SLAM 的完整流程。

2.8.2 单目 ORB-SLAM

ORB-SLAM 是一个基于特征识别的适用于各种室内外环境的单目实时 SLAM 系统。得益于自带的场景回路闭合和重定位功能，该系统具有很强的鲁棒性，可以很好地处理剧烈运动的图像。同时，在 SLAM 系统开始运作前，可以进行全自动位置初始化。该系统是基于近几年最优的 SLAM 算法建立的，具有视角跟踪、环境建模、重定位和场景回路闭合这些 SLAM 的基本功能。并且在此基础上，还引用了一套优化特征点云和关键帧的策略，让地图模型仅在观察到新场景时才会增加。这样可以优化环境模型，使其在精简结构的同时仍能保持高精度，还能极大地延长 SLAM 系统的使用寿命。

ORB-SLAM 的架构如图 2-47 所示。

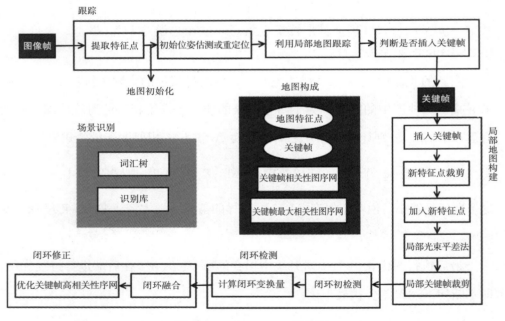

图 2-47　ORB-SLAM 的构架

ORB-SLAM 同样由三个主要模块组成：跟踪、地图构建和闭环检测。在三个模块开始工作之前，系统需要进行地图初始化。

地图初始化

单目 SLAM 地图初始化的目标是构建初始的三维点云。由于单目系统不能从单帧输入图像中提取深度信息，因此需要利用图像序列中两帧以上的图像，估计相机的位姿并构建初始化的三维点云。这里介绍两套初始化方案：一套方案是基于匹配的特征点对用标准化 DLT 计算单应矩阵 Homography，这套方案适用于匹配的特征点共面的场景；另一套方案是基于匹配的特征点对用标准化的八点算法计算基本矩阵 F。至于选用哪一套方案进行初始化，可参考以下打分规则，通过两套方案的得分选择模型。

$$R_H = \frac{S_H}{S_H + S_F}$$

其中 S_H 是 Homography 方案的得分，S_F 是基本矩阵的得分。当 $R_H > 0.45$ 时，选择 Homography 方案进行初始化，计算摄像机位姿。如果选取的两帧图像不满足上述两种方案的要求，则放弃这两帧并重新进行初始化。

跟踪

跟踪模块主要包含 ORB 特征提取、初始位姿估计、利用局部地图跟踪进行位姿优化和选取关键帧。

初始位姿估计首先使用上一帧的位姿和速度来估计当前帧的位姿。而上一帧的速度可以通过前面几帧的位姿得到。如果这种方法失效的话，可以用词袋法（BoW）将当前帧和所有关键帧进行匹配，找到匹配帧后计算相应的位姿。

位姿优化的主要思路是在当前帧和局部地图之间寻找尽可能多的对应关系，来优化当前帧的位姿。这进一步保证了姿态估计的精度和鲁棒性。

跟踪的最后一步是判断当前帧是否为关键帧，当前帧需要满足以下四个条件，才能被认定为关键帧：

❑ 距上次全局重定位已经超过 20 帧。

❑ 距上次插入关键帧已经超过 20 帧。

❑ 当前帧至少跟踪成功了 50 个特征点。

❑ 当前帧跟踪成功的点数不及上一关键帧的 90%。

地图构建

完成跟踪的当前帧被选取为新的关键帧后，会按照其与其他关键帧的相关性填充到地图中。通过更新与邻近关键帧中特征相似的点云的匹配，可以修正或融合点云，并利用三角法生成新的三维点，最后对相邻关键帧和它们对应的三维点进行局部优化。在处理关键帧的过程中，我们将关键帧通过视觉词汇树转换成关键字包来表示，这样使得关键帧的表示更为简洁，且只使用了有效的特征信息，避免了冗余而繁杂的图像信息。

闭环检测

摄像机不断运动的过程中，累计误差的产生是无法避免的，为了周期性地消除累计误差，我们使用闭环控制来检测地图的闭环状况。首先，通过 DBoW2 方法寻找地图中是否有相似的关键帧。

BoW 是一个以特征描述作为元素的视觉词典。视觉词典是由 ORB 描述子离线创造出来的，这些描述子是从很大的图像集合中提取出来的。把这些特征描述子进行聚类（比如 k 均值），类别的个数就是词典的单词数。DBoW2 将这个词典构造成树状的数据库以方便搜索。如果数据库足够一般化，那么相同的词典可以被用于不同的环境设定并仍能取得不错的表现。BoW 的优点包括：视觉词典可以离线训练，使用前可以事先训练好含有大量数据的视觉词典；图像在词典中的检索速度快，BoW 提供了正向和逆向检索。反向检索在节点（单词）上存储到达这个节点的图像特征的权重信息和图像编号，因此可用于快速寻找相似图像。正向检索则存储每幅图像上的特征以及其对应的节点在词典树上的某一层父节点的位置，因此可用于快速特征点匹配（只需要匹配该父节点下面的单词）。

在 ORB-SLAM 中，在关键帧中可能存在视觉重复的部分，当检索数据库时将找到不止一个有高分数的关键帧。所以，系统在检索数据库后输出的是一系列候选的图像。对每个候选的关键帧，用当前帧的特征点去求解相似变换矩阵。如果相似的特征点足够多，那么就确定当前帧与所选的关键帧形成一个闭环。闭环确定之后，将闭环帧里的特征点信息（深度、尺度、位姿等）与当前帧进行融合。最后，执行图优化（g2o）对系统中保存的所有帧在后端进行持续全局优化。全局优化时，固定回环帧及其邻域、当前帧及其邻域，优化剩余帧在世界坐标系的位姿。

通过不断计算闭环中相邻关键帧的相似变换，并且对所有回路中的每一帧进行修正。这样不仅周期性地消除了累计误差，更裁剪了地图中相似的关键帧，使得地图仅在摄像机拍摄到新环境时才会扩大，在精简了地图的同时也大大延长了 SLAM 系统的寿命。

以上即为 ORB-SLAM 系统的完整流程。

小结

在增强现实的实际应用当中，采用稀疏法以 ORB-SLAM 为代表的系统是单目视觉系统最常用的框架之一。其优点在于，基本可以实现实时跟踪和定位，稳定性较高，姿态流畅，在简单的背景下，可以有效地跟踪目标物体。但是对于纹理较少的环境，基于半稠密概念设计的 LSD-SLAM 效果更好一些。

SLAM 强调实时性和准确性。SLAM 是一套大型的复杂系统，实时系统一般是多线程并发执行，包含资源分配、读写协调、地图数据管理、优化和准确性、一些关键参数和变量的不确定性以及高速度、高精度的姿态跟踪等。如何在增强现实系统中更为流程地运行，是我们需要解决的挑战。

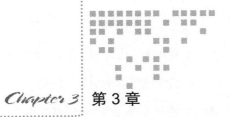

Chapter 3 第 3 章

增强现实系统简介

3.1 增强现实软件系统

本节主要针对增强现实系统的运作流程进行软件层面的介绍，旨在让读者更清晰地认识到，在不同的增强现实系统中，系统中的每个模块是如何协同完成肉眼所见的增强现实技术的。本节首先介绍软件系统主要的组成模块和运行线程，之后详细阐述了几种不同场景下增强现实系统的工作流程。

3.1.1 增强现实软件系统概述

一套软件系统至少需要三个模块，才能实现基本的增强现实技术。这三个模块分别是摄像机控制模块、计算机视觉算法模块以及图形渲染模块。

摄像机控制模块主要用于获取摄像机输入的平面图像视频流，然后将其输入计算机视觉算法模块和图形渲染模块。

计算机视觉算法模块用于处理输入的图像视频流。之前有提到过，计算机视觉算法一般都是基于灰度图像进行处理，所以该模块对输入的图像做的第一步处理便是将色彩格式各异的多通道色彩图像转为灰度图。然后，搜寻图像中感兴趣的信息，可以是图像的局部特征点或者整体的图像强度（SLAM）。最后也是最重要的，通过视频流中每一帧图像得到的信息，计算图像中的场景在摄像机坐标系下的位姿改变。最终的目的是将得到的位姿输送给图形渲染模块。

图形渲染模块是由三维渲染引擎完成的。三维引擎的输入包括每个渲染对象的本地数据和对应的位姿矩阵等。三维引擎会根据每个渲染对象的位姿应用阴影、纹理细节、运动动画、碰撞检测等立体特效，进而将复杂、逼真的三维动画特效叠加于摄像机获取的原始平面图像。最后再将混合着虚拟和现实的图像呈现在屏幕上。增强现实系统中的三维渲染引擎可以由开发者直接使用底层图形接口如（OpenGL、DirectX 等）进行开发，但这种做法复杂性高、周期长且维护困难。因此，更高效的做法是直接基于开源的三维渲染引擎进行增强现实系统的开发，如今主流的三维引擎有 Unity3D、OGRE 和 OSG 等。其实每种引擎都有各自的优势和擅长的渲染效果，这一部分属于计算机图形学的范畴，在此不做过多说明。总之，图像渲染模块在增强现实系统中扮演着重要的角色。

当然，若将增强现实系统搭载在功能更丰富的智能硬件上，便可以利用更多的传感器来辅助计算机视觉算法，更精确高效地计算出视频流帧与帧之间的位姿变化。可是当下主流的增强现实技术还是应用在智能手机或者平板等移动设备上，即充分利用上述的三个基本模块实现增强现实。

基于三个基本模块，增强现实系统一般运用若干个线程协同工作。摄像机控制模块和图形渲染模块处在主线程。图形渲染模块可以直接将摄像机控制模块传入的图像渲染在屏幕上，只有当计算机视觉模块输入特定的数据信息给三维引擎时，三维引擎才开始执行动画特效的叠加和渲染功能。增强现实的特效一般是根据用户的需要而特殊制作的。为了说明方便，我们采用一个最基本的带有骨骼动画的立体模型来表示增强现实特效。

计算机视觉模块根据算法的功能不同分布在不同线程中工作。例如，平面图像的追踪算法，即估计当前帧与上一帧图像位姿变换的算法需要实时地对每一帧进行计算，适合放入主线程中。而一些运算速度没有那么快、达不到实时性的，比如图像特征的描述子匹配、SLAM 的全局优化、闭环检测等，一般需要另开若干个线程并行计算。这种设计的好处是可以很好地避免复杂的算法耗时太长而造成的显示流畅度下降的问题。

在系统开启主线程之前，还有一个系统初始化的步骤。系统初始化在不同功能的增强现实系统中有所差异，但是大体上包括了一些参数的初始化和本地数据的读取，可能是预存的特征点和描述子信息、供特效使用的三维模型内容文件以及摄像机校准参数等。

3.1.2 基于平面图像识别的增强现实系统

这是一种基础的增强现实系统，通过识别环境中的识别图，计算识别图在摄像机前每一帧的位姿，来渲染和识别其所对应的三维模型动画。该系统通常分为两个线程进行工作。主线程包括本地数据文件的准备、系统初始化、标识图的跟踪模块、估计识别图的位姿变换和最后的渲染三维动画。其他线程主要负责识别图的局部特征提取和描述子匹配，因为对输入图像提取的描述子每次都要遍历本地数据库中所有的描述子以进行匹配，计算时间会稍长于其他步骤，所以单独开启一个线程进行处理。图 3-1 展示了该系统的工作流程图。

在本地数据文件的准备中，首先需要对识别图进行局部特征点提取并生成描述子，此处采用 ORB 特征描述子。另外，由于使用模板匹配来实现对视频流中当前帧至下一帧之间的图像追踪，因此还要将一组提取独特性高的角点集合存入本地数据文件。对识别图提取一组角点，将角点集合中相关性高的筛选掉，使留下的点都具有很好的独特性，排除这组角点在使用中的互相干扰。识别图在真实世界坐标系中是以 z 轴为 0 的三维坐标点表现的，并且识别图中心点对应的是真实世界坐标系原点。一个增强现实系统可以含有不止一张识别图，将若干张识别图的特征描述子和具有独特性的角点集合都做好标记（标记某点或者某个描述子属于某张图）后一齐存入本地数据文件中，就组成了在系统本地的小型图像数据库。其他的本地数据包括摄像机中的标定参数，即组成摄像机内部参数矩阵的元素，以及供图像渲染引擎使用的三维模型，不同识别图可以对应不同的三维模型。

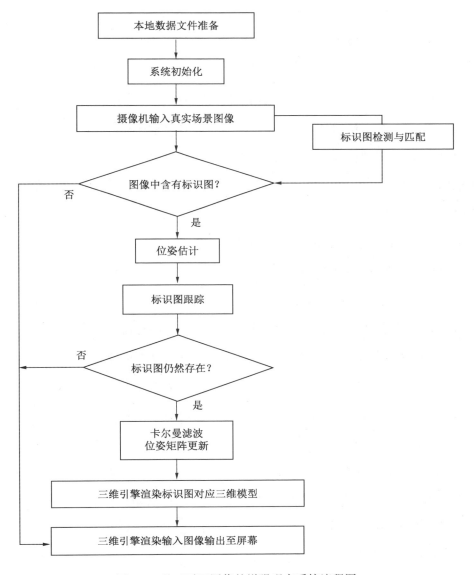

图 3-1　基于平面图像的增强现实系统流程图

系统初始化的工作便是读入准备好的本地文件，并且开启两个线程，使增强现实系统开始工作。摄像机控制模块开始传入采集到的实时图像视频流，三维引擎开始将视频流图像渲染到屏幕上，并且等待另外一个线程的反馈，然后根据反馈进行进一步的图形渲染。与此同时，图像还会传入另外一个线程算法模块进行运算。

对视频流的图像进行识别图的检测与匹配，对该图像提取 ORB 特征点和生成描述子，将描述子与本地数据库中所有的描述子进行匹配，找到匹配数量最多且超过一定阈值的那张识别图，认为该识别图在真实场景中被检测到。识别图在真实场景中被匹配之后，通过位姿估计方法，利用摄像机输入图像中被匹配到的二维点坐标，以及相应的本地数据库中该识别图的三维坐标（z 轴为 0），来计算当前状态下识别图的位姿。这个位姿也是初始化的位姿。

之后，系统会将得到的位姿以及匹配到的识别图 ID 返回给主线程。主线程开始对识别图进行跟踪。跟踪的过程分为两步，第一步是确定上一帧图像中的若干点在当前帧中的具体位置，然后根据输入图像中识别图新的位置坐标，计算出识别图新的位姿。第二步是引入卡尔曼滤波器对得到的新的位姿进行修正。具体做法是将本地数据中具有独特性的角点三维坐标通过上一帧的位姿投影到上一帧输入图像的二维坐标系上。以这些二维坐标为中心选定附近的区域（可以用 OpenCV 的 Rect 容器记录下来），在当前帧图像的这些区域中，用上一章介绍的模板匹配的方法，找到与上一帧相关性高的点，并认定其是上一帧中选取的点坐标在当前帧的位置。最后，通过当前帧新的二维点坐标与其对应的三维坐标的关系，可以估计得到新的位姿。将这个位姿姑且当作当前帧的测量位姿，在得到测量位姿之后，卡尔曼滤波器利用之前帧的位姿作为先验知识，来对当前状态的这个测量位姿进行修正。执行完卡尔曼滤波后，会得到更新的当前位姿，以及对应的误差协方差矩阵估计，用来进行下一帧的位姿修正。

跟踪模块结束之后，系统会将得到的更新位姿以及匹配到的识别图 ID 输入三维引擎中，三维引擎按照识别图的位姿渲染出设定好的与其对应的三维模型。

在匹配到第一张标识图之后，图像的匹配线程不会停止工作。系统会继续检测图像库中未被匹配的其他标识图。一旦有另外的识别图出现在输入图像中，匹配线程便将另一初始化位姿与标识图 ID 返回给主线程，主线程进行跟踪与渲染。每一幅标识图的跟踪与渲染是平行进行的，互不干扰。

基于平面图像识别的增强现实系统效果如图 3-2 所示。

图 3-2　基于平面图像识别的增强现实系统

3.1.3　基于实物识别的增强现实系统

对实物的识别也是一种增强现实的实现方式。本节介绍一种基于实物识别的增强现实系统。在计算机视觉算法方面，该系统采用了 2012 年 C. Choi 提出的一种基于实物边缘检测与跟踪的算法。系统通过对环境中的真实物体进行识别，计算实物的位姿，渲染对应的三维模型动画。与基于平面图像识别的系统类似，该系统也分为两个线程进行，并将匹配线程从主线程中分离出来单独运行。主线程包括本地数据文件准备、系统初始化、实物的边缘跟踪、估计实物的位姿变换和渲染三维动画。该系统在计算机视觉的处理上使用的都是边缘图像。系统的基本流程如图 3-3 所示。

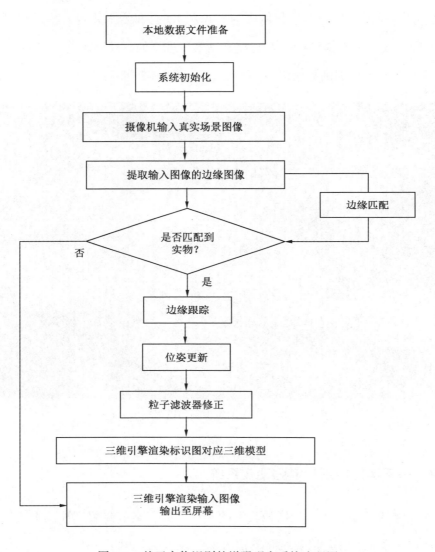

图 3-3　基于实物识别的增强现实系统流程图

在本地数据文件的准备中，首先对需要被检测的物体生成边缘模板。这一步可以通过 OpenGL 渲染实物的 obj 模型完成。设定好虚拟摄像机的内部、外部参数矩阵之后，OpenGL 可以实现保留实物表面可以看见的边缘，同时过滤掉实物背面被遮挡掉的部分，如图 3-4 所示。

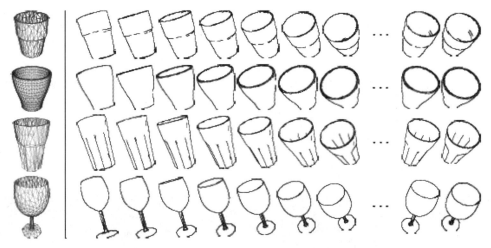

图 3-4　边缘匹配模板的生成

想要从多角度识别物体，就需要记录下物体多角度的边缘模板。在生成边缘模板之后，使用上一章倒角匹配算法中介绍的方法将边缘点转化成线段并记录下来。与此同时，记录下每个边缘模板所对应的位姿（即 OpenGL 渲染时的外部参数矩阵）。其他的本地数据包括摄像机中的标定参数，即组成摄像机内部参数矩阵的元素，以及供三维引擎使用的三维模型。

系统初始化过程与基于图像识别的增强现实系统类似，即读取本地文件并开启两个线程。摄像机控制模块开始传入采集到的实时图像视频流，三维引擎将视频流图像渲染到屏幕上，并且等待另外一个线程的反馈，然后根据反馈进行进一步的图形渲染。与此同时，图像还会传入另外一个匹配线程进行运算。

当输入图像进入匹配线程以后，首先对输入图像进行 Canny 边缘检测，得到边缘图像。之后利用本地数据库中的模板与输入图像的边缘图像进行模板匹配，使用的是倒角匹配的方法。匹配完成后，记录下在输入图像中与边缘模板重合的边缘，用于后续边缘跟踪。同时，将边缘模板的位姿赋予输入图像中被匹配到的边缘。匹配线程在匹配到模板之后就停止运作。

主线程收到输入图像中的边缘图像和对应的位姿之后，开始进行边缘追踪。在被匹配到的边缘上进行点采样。下一帧输入图像的边缘图像进入时，在当前帧的边缘点中选择与采样点距离最近的点，当作上一帧的采样点在这一帧匹配到的位置（使用 RANSAC 对匹配点对进行筛选，去除局外点）。相应的位姿变换也可以通过匹配点集得到。同时，位姿变换可以通过粒子滤波器进行修正，使得边缘点跟踪不至于跟踪到错误的位置上。

最后，将得到的位姿传入三维引擎，进行三维模型的渲染。

该系统的运行效果如图 3-5 所示。

图 3-5　基于实物识别的增强现实系统运行效果

3.1.4　基于 SLAM 的增强现实系统

本节介绍一种基于 ORB-SLAM 算法的增强现实系统。相比于传统的基于识别图的增强现实系统，引入 ORB-SLAM 的好处是，有时候渲染的三维模型很大，需要从很多视角观察，在这种情况下，识别图有可能会消失在真实场景中。如果是传统的系统，模型也会同时消失。使用 ORB-SLAM 系统后，可以在没有识别图的情况下看到增强现实的效果。在这样一套基于 SLAM 的增强现实系统中，仅依靠标识图定位三维模型的位置，在之后的场景中，该标识图就不再是必需的。

实现这套系统的本质是，在 ORB-SLAM 初始化前，增加图像特征匹配和渲染模型的步骤。具体流程如下：

❑ 系统启动后就开始对预存的识别图进行图像检测与匹配。

❑ 匹配到真实场景下的识别图后，计算位姿并进行 ORB-SLAM 的初始化。若 ORB-SLAM 的初始化失败，则重复这两步。

❑ ORB-SLAM 地图创建成功之后，获取 ORB-SLAM 地图的坐标系，对标识图的位姿进行矩阵转换，将其转换为 ORB-SLAM 地图下的位姿。

❑ 用标识图在 ORB-SLAM 地图中的位姿渲染三维模型。

❑ 之后 ORB-SLAM 系统正常工作，三维模型会保持在之前渲染的位置不消失。

小结

通过本节的介绍可以看出，增强现实技术的呈现方式是多种多样的。本节中列举的一些具体的应用方案都是增强现实应用开发的若干个方向。在保证系统流畅性的前提下，也可以将多种识别跟踪方案相结合。

3.2　增强现实硬件系统

3.2.1　基于高清摄像机的舞台增强现实系统

基于高清摄像机的舞台增强现实系统通过捕捉设备（感应器）对目标影像（如参与者）进行捕捉拍摄，然后由影像分析系统进行分析，从而产生被捕捉物体的动作，该动作数据结合实时影像互动系统，使参与者与屏幕之间产生紧密结合的互动效果。运动捕捉的实质就是要测量、跟踪和记录物体在三维空间中的运动轨迹。要完成这个过程，所需的设备包括高清摄像机、高分辨率红外摄像机、数据传输设备（将大量的运动数据从信号捕捉设备快速准确地传输到计算机系统进行处理）和数据处理设备（软件或者硬件借助计算机的高速运算能力来完成数据的处理），使三维模型真正自然地运动起来。

基于高清摄像机的舞台增强现实系统就是运用增强现实技术，利用计算机生成一种逼真的视、听、力、触和动等感觉的虚拟环境，通过各种传感设备使用户"沉浸"到该环境中，实现用户和环境直接进行自然交互。

经典的基于高清摄像机的舞台增强现实系统是国家地理频道在英国一家商场推出的 AR 互动大屏体验，来来往往的人群可与北极熊、企鹅等珍稀动物进行互动（图 3-6）。

图 3-6 国家地理频道基于高清摄像机的舞台增强现实系统

3.2.2 基于普通智能手机的增强现实系统

由于智能手机的成熟及大范围普及，目前增强现实市场最常见的案例是基于智能手机的案例。

由于智能手机所内置的摄像头大多是单目摄像头，因此大部分的案例是基于图像识别及追踪的应用。

3.2.3 基于包含深度摄像模块的手持设备增强现实系统

有别于普通智能手机，部分手机（如联想 Phab2 Pro）内置了可以感测深度信息的摄像模块，从而具备对环境的感知能力。这种模块的典型应用是 Google的 Project Tango（图 3-7）。

图 3-7　Project Tango 开发者版

Project Tango 包含三种技术：运动追踪、区域学习和深度感知。

运动追踪

Project Tango 的第一个核心技术"运动追踪"是一种利用特征的捕捉技术。当摄像机不断地一帧一帧进行拍摄时，拍摄到的光点的相对位置在不断变化（这里的"变化"是指拍摄到的两帧之间同一个光点的相对位置变化），通过计算我们可以得到摄像机的移动距离。简单来说 Tango 设备在不断循环的一个过程就是：拍摄 - 识别特征点 - 匹配特征点 - 筛去错误匹配 - 坐标换算。此外，Project Tango 的运动追踪额外通过一个内置的 6 轴惯性传感器（加速计和陀螺仪）来捕捉相机的加速度和运动方向。当融合了以上两类传感器的数据之后，Project Tango 就实现了三维运动追踪。

区域学习

运动追踪只是单纯得到了相机移动的轨迹，然而对于相机所处的场景还是零认知。所以一旦设备关掉，它之前的运动轨迹就会被"忘掉"。最大的问题还是运动追踪中所累积的误差（或者叫漂移）在长距离使用后真实位置会和运算位置有很大差异。

为解决这个问题，Google 团队为 Tango 设备设定了一种学习模式。这种学习模式理解起来简单很多，为了让 Tango 设备具有一定记忆，而不再像一个蒙着眼睛的人一样需要靠数自己走了多少步来计算距离，Project Tango 可以让用户预先录入某个场景（录入的数据不光包括运动追踪中所识别的特征点，还包含场景本身），当用户重回这个场景时 Tango 设备会自动用录入的数据来纠正运动追踪的数据，在纠正的过程中，录入场景里的那些特征点会被当作观测点，一旦发现与当下特征点匹配的观测点，系统便会修正当下的追踪数据。这就是 Project Tango 的第二大技术核心——区域学习。

深度感知

Project Tango 采用结构光作为其深度感知的视线方式。结构光顾名思义是有特殊结构（模式）的光，比如离散光斑、条纹光和编码结构光等。他们被投射到待检测物体或平面上，看上去就好像标尺一样。根据用处的不同，投影出来的结构光也可以分为不可见的红外光斑、黑白条纹可见光和单束线性激光等。

Project Tango 在红外发射器前面加了一个特殊设计的 diffuser（光栅、扩散片），可以使红外光线从不同角度射出。另一个摄像机再去拍摄这些光斑，然后进行计算，从而得出每一个光斑所在的深度。

除了结构光以外，Project Tango 还用到了 ToF（Time of Flight），它由一个激光发射器、一个接收器和一个运算光程的芯片组成。ToF 通过计算不同的光程来获取深度信息，同时也是一种深度传感器。

这些深度传感器输出称为"点云"的数据，包含所有被采集到深度的点的三维信息（图 3-8）。

图 3-8　Project Tango 输出的点云数据

当这三大技术汇聚起来，Project Tango 便为移动平台带来了一种全新的空间感知技术，它可以让移动设备像人眼一样感知所在的房间、找到行走的路，并且感知到哪里是墙、哪里是地，以及所有身边的物体（图 3-9）。

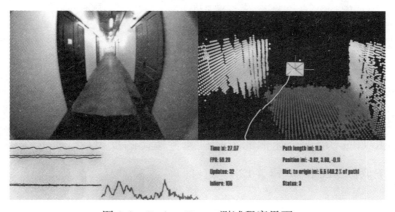

图 3-9　Project Tango 测试程序界面

3.2.4　基于单目智能眼镜的增强现实系统

目前，智能眼镜是增强现实的主要硬件形态，而智能眼镜中最主要的是以 Google Glass 为代表的单目式智能眼镜。

Google Glass 由 GoogleX 团队开发，是一款配有光学头戴式显示器的可穿戴式电脑。Google Glass 的侧面配有一块触控板，用户可以通过滑动来控制时间线形式的用户界面。向后滑动显示当前事件，如天气；向前滑动显示历史事件，如电话、照片、通知等。Google Glass 内置的相机可以拍摄照片或录制 720p 的视频。除触控板之外，用户也可应用语音指令控制 Google Glass，佩戴者只需说出动作指令，如拍摄照片、传送信息、显示当前地图，Google Glass 便会给出相应反馈。用户必须看视野右上方的微型显示屏才能看清文字或图像。Google Glass 是全球第一款真正意义上的消费级增强现实眼镜，但 2013 年推出后市场接受度不高，2015 年 Google 宣布停产 Google Glass。

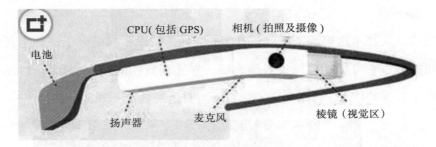

图 3-10　Google Glass 的硬件构成

Google Glass 包含几个主要的部分：中央处理器（CPU）、麦克风、扬声器、相机（拍照及摄像）、棱镜与电池（图 3-10）。

Google Glass 用一个迷你的投影机通过棱镜的反射后，让光线进入眼睛，在视网膜中成像（图 3-11 和 3-12）。

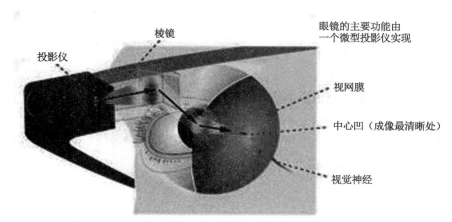

图 3-11 Google Glass 显示原理

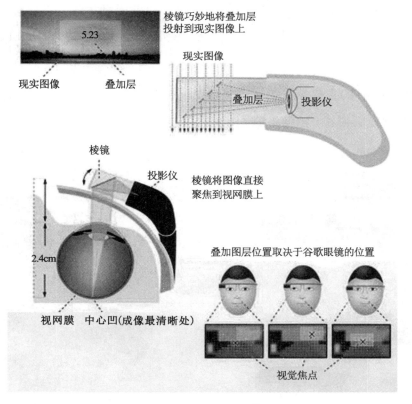

图 3-12 Google Glass 成像原理

由于棱镜的巧妙设计，迷你投影仪所投射出来的光线可以与现实生活的光线混合，因此在视网膜中成像时，就会产生虚拟影像与实际影像混合的效果。

3.2.5 基于双目可穿透式智能眼镜的增强现实系统

以 Microsoft HoloLens 为代表的双目可穿透式智能眼镜，将增强现实的体验带上了一个全新的高度。

Microsoft HoloLens 是基于 Windows 10 的光学头戴式显示器，由微软在2015 年 1 月公布。 HoloLens 采用三层衍射光栅，生成 RGB 彩色全息图，红外线和传感器进行眼动追踪，配置的 3D 深度摄像头用于扫描周围环境。用户戴上 HoloLens 后，无需连接电脑或智能手机，即可用语音及手势控制。无论是玩沉浸式游戏、进入虚拟景点参观还是学习机器设备使用方法，HoloLens 都可实现。

HoloLens 的主要硬件包括：全息处理模块、2 个光导透明全息透镜、2 个LCos 微型投影和 6 个摄像头等（图 3-13 ）。

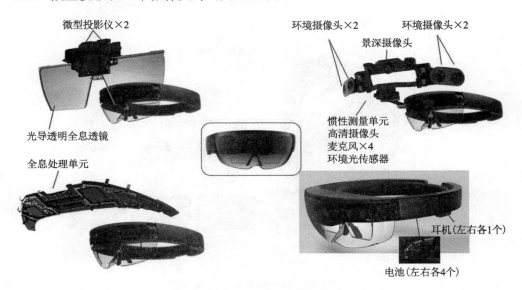

图 3-13　HoloLens 硬件组成

Hololens 配备两片光导透明全息透镜，虚拟内容采用 LCos（硅基液晶）投影技术，从前方的微型投影仪投射到光导透镜后进入人眼，同时也让现实世界的光透进来。

基于强大的硬件，HoloLens 也具备与 Project Tango 一样的空间感知能力。由于其将主要高功耗的计算机视觉算法集成到一个专门的全息处理单元芯片中，因此其计算效能相对于 Project Tango 大大提升，可以提供更加流畅及自然的 AR 体验。

3.2.6　基于投影的增强现实系统

PBAR（基于投影的增强现实）这个概念在国外近几十年来一直很流行，PBAR 能够把投影图像直接投射到实际物体上，做到真正的虚实结合，从而解决 AR 显示的虚拟图像与实际物体焦距不同导致人眼对焦不方便的问题。同时，PBAR 的虚实结合可以被周围所有人所共享和互动，显示尺寸理论上可以无限大，与人平时在用投影仪时的感受相同（图 3-14）。

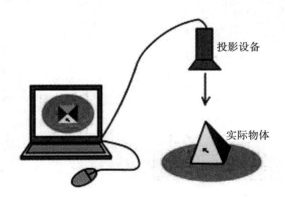

图 3-14　基于投影的增强现实系统原理图

PBAR 的应用场景相当丰富且有趣：投射在皮肤上的动态文身（图 3-15）；投射到白纸上的简笔画，孩子用笔去描时，投射画的角度会跟着纸张角度的变化而变化；在白色的鞋上投影出不同的特效（图 3-16）；多人分享荧幕，融合荧幕只需要一个简单的手势就能做到。

图 3-15　基于投影的增强现实系统——AR 文身

图 3-16　基于投影的增强现实系统——AR 特效在鞋上的显示

由于有可分享、无边界的特性，穿戴类投影结合 PBAR 技术（WPBAR）将是一个必然的发展趋势。投影集群将成为穿戴类投影向前发展的一个方向。投影集群与 WPBAR 的结合将为人类打开一个具有巨大想象空间的世界，但

WPBAR 与 AR 一样在诸多方面面临着巨大的挑战，如电池续航、投影亮度、虚拟显示、计算视觉、人机交互和环境感知等，WPBAR 也会像 AR 一样有很长的路要走。同时，WPBAR 又类似 VR 发展的初级阶段，目前已经有诸如屏幕融合、视频播放、抬头显示等应用可以给用户带来较好的体验。

小结

以智能眼镜为代表的增强现实硬件已经日趋成熟，但是仍然存在着设备重、价格过高、效果稳定度不足等问题，目前仍然仅仅适用于面向行业的商业应用。相信随着制造工艺的提升及设备的量产化，最终会成为人手一部的新一代移动设备。

在本书第 5 章中，我们会介绍若干基于增强现实硬件的经典案例；在第 6 章中，我们会介绍增强现实硬件相关的未来发展趋势。

3.3 国际主流增强现实引擎简介

Vuforia 是世界上应用最广泛的增强现实技术平台之一。 美国 PTC 软件公司在 2015 年以 6500 万美元的价格从高通技术公司手中收购了 Vuforia 业务。Vuforia SDK 是增强现实软件开发工具包，利用计算机视觉技术实时识别和捕捉平面图像或三维物体，并且已经可以实现多个目标同时识别。Vuforia 通过 Unity 游戏引擎扩展提供了 C、Java、Objective-C 和 .Net 语言的应用程序编程接口。Vuforia SDK 能够同时支持 iOS 和 Android 的原生开发，这也使开发者在 Unity 引擎中开发 AR 应用程序时很容易将其移植到 iOS 和 Android 平台上。截至 2016 年，Vuforia 大约拥有 18 万开发者。

Wikitude GmBh 于 2008 年在奥地利萨尔斯堡成立。成立之初，Wikitude 的主要产品是 Wikitude World Browser App，一款基于地理信息的 AR 体验应用。2012 年，Wikitude 发布了 Wikitude SDK，融合了图像识别、跟踪、地理定位和 3D 渲染技术，用于开发 AR 应用程序。截至 2016 年，Wikitude 大约拥有 10 万开发者。

除 Vuforia 和 Wikitude 外，市面上的增强现实底层系统还有 DAQRI 公司的 ARToolkit SDK，它为三种主要追踪提供支持，分别是自然特征追踪、传统方形标记模板和二维条形码。还有 Kundan 公司的 Kundan AR SDK 以及 Catchoom 的 CraftAR 等。

第 4 章 Chapter 4

增强现实相关的
人机交互系统简介

4.1 手势识别交互系统

应用于增强现实的手势识别技术可以分为三种：2D 静态手势识别、2D 动态手势识别、3D 手势识别。

2D 静态 / 动态手势识别基于二维层面，只需要不含深度信息的二维信息作为输入即可。使用单个摄像机捕捉到的二维图像作为输入，再通过计算机视觉技术对输入的二维图像进行分析，获取信息，从而实现手势识别。

3D 手势识别是基于三维层面的。3D 手势识别与 2D 手势识别的最根本区别就在于，3D 手势识别需要的输入是包含深度的信息，因此在复杂度方面，3D 手势识别在硬件和软件两方面都比 2D 手势识别要高。2D 手势识别适用于一般的简单场景，但是对于复杂的人机交互以及与 3D 场景的互动，就必须要求含有深度信息。

4.1.1 2D 静态手势识别

2D 静态手势识别是手势识别中最基础的一类。其获取 2D 图像信息输入之后，可以识别几个静态的手势，比如拳头或者张开五指。其典型应用包括：用户将手掌举起，开始播放视频；五指张开，视频暂停。

"静态"是 2D 静态手势识别的重要特征，它只识别手势的"状态"，而无法感知手势的动态。该技术是一种模式匹配技术，通过计算机视觉算法分析图像，然后和预设的图像模式进行比对，从而理解这种手势的含义。

该技术只可以识别几种预设状态，拓展性有很大的局限，只可以执行最基础的人机交互。

4.1.2 2D 动态手势识别

2D 动态手势识别不含深度信息，只需要普通的 2D 摄像机作为输入。其不仅可以识别手型，还可以识别挥手等简单的 2D 动态手势动作。

2D 动态手势识别拥有动态的特征，可以追踪手势运动轨迹，识别将手势与手部运动结合的复杂动作，进而将手势识别的范围拓展到整个 2D 平面，实现更为复杂的操作。其利用更加先进的计算机视觉算法，可以获得更加丰富的人机交互内容，实现了状态控制及平面控制。

4.1.3 3D 手势识别

相比于前两种 2D 手势识别技术，3D 手势识别需要特别的硬件而得到深度信息。目前主要有三种主流硬件实现方式，配合先进的计算机视觉软件算法来实现 3D 手势识别

结构光

结构光的基本原理是从硬件上加载激光发射器，并在其上安装刻有特定图样的光栅，激光通过光栅进行投射成像时发生折射，从而使得激光在物体表面上的落点产生位移。当物体距离激光发射器较近时，折射产生的位移较

小；当物体距离激光发射器较远时，折射产生的位移较大。这时配合 2D 摄像机来采集投射到物体表面上的图样，对图样位移变化进行计算，从而得到物体的位置及深度信息，进而还原整个三维空间。

典型的结构光 3D 手势识别系统是微软 Kinect 第一代。但因为其依赖于激光折射后产生的落点位移，因此在距离近的时候，折射导致的位移不够明显，不能精确计算出深度信息，其最佳应用范围为 1~4 米。

飞时测距

飞时测距的基本原理是加载发光元件，使其光子在碰到物体表面后反射回来。使用一个特别的 CMOS 传感器捕捉这些由发光元件发出再从物体表面反射回来的光子，从而计算出光子的飞行时间。由于光速是固定的，因此根据光子飞行时间可以推算出光子的飞行距离，从而算出物体深度信息。复杂度方面，由于无需任何计算机视觉方面的计算，飞时测距是 3D 势识别中最简单的。典型的飞时测距 3D 手势识别系统是微软 Kinect 第二代。

双目测距

双目测距的基本原理是使用两个摄像机同时摄取图像，类似人眼的 3D 成像原理，通过比对不同摄像机在同一时刻获得的图像差，使用计算机视觉算法来计算深度信息，从而实现 3D 成像。

双目测距是根据几何原理来计算深度信息的（如图 4-1 所示）。使用两台摄像机对当前环境进行拍摄，得到两幅针对同一环境的不同视角照片，模拟了人眼的工作原理。由于两台摄像机的各项参数以及它们之间相对位置的关系已知，只要找出相同物体在不同画面中的位置，就可以通过算法计算出物体距离摄像机的深度了。典型的双目测距 3D 手势识别系统是 LeapMotion。

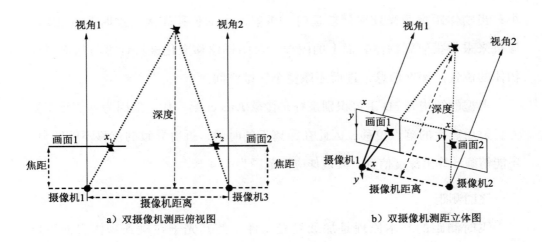

图 4-1 双目测距的几何原理

4.2 语音识别交互系统

将语音识别技术与语音合成技术结合运用到增强现实应用中，能以自然的、人性化的输入方式，为用户提供自然的交互体验。

根据不同的算法原理，典型的语音识别方法主要有动态时间规整（DTW）、隐马尔可夫模型（HMM）、矢量量化（VQ）、人工神经网络（ANN）和支持向量机（SVM）等。

动态时间规整是非特定人语音识别中一种简单有效的方法，其基于动态规划的思想，解决了发音长短不一的模板匹配问题，是语音识别技术中较常用的一种算法。DTW 算法将已经预处理和分帧过的语音测试信号和参考语音模板进行比较以获取它们之间的相似度，按照某种距离测度得出两模板间的相似程度并选择最佳路径。

隐马尔可夫模型是语音信号处理中的一种统计模型，是由马尔可夫链演变来的，是基于参数模型的统计识别方法。由于其模式库是通过反复训练形成的与训练输出信号吻合概率最大的最佳模型参数，而不是预先存储好的模式样本，且其识别过程中运用待识别语音序列与 HMM 参数之间的似然概率达到最大值所对应的最佳状态序列作为识别输出，因此是较理想的语音识别模型。

矢量量化是一种重要的信号压缩方法。与 HMM 相比，矢量量化主要适用于小词汇量和孤立词的语音识别。其过程是将若干个语音信号波形或特征参数的标量数据组成一个矢量并在多维空间进行整体量化。把矢量空间分成若干个小区域，每个小区域寻找一个代表矢量，量化时落入小区域的矢量就用这个代表矢量代替。矢量量化器的设计就是从大量信号样本中训练出好的码书，从实际效果出发寻找好的失真测度定义公式，设计出最佳的矢量量化系统，用最少的搜索和计算失真的运算量实现最大可能的平均信噪比。

人工神经网络是 20 世纪 80 年代末期提出的一种新的语音识别方法。其本质上是一个自适应非线性动力学系统，模拟了人类神经活动的原理，具有自适应性、并行性、鲁棒性、容错性和学习特性，其强大的分类能力和输入 - 输出映射能力在语音识别中都很有吸引力。其方法是模拟人脑思维机制的工程模型，它与 HMM 正好相反，其分类决策能力和对不确定信息的描述能力已得到公认，但它对动态时间信号的描述能力尚不尽如人意，通常 MLP 分类器只能解决静态模式分类问题，并不涉及时间序列的处理。尽管之后有研究者提出了许多含反馈的结构，但它们仍不足以刻画诸如语音信号这种时间序列的动态特性。由于 ANN 不能很好地描述语音信号的时间动态特性，所以常把 ANN 与传统识别方法结合，分别利用各自优点来进行语音识别而克服 HMM 和 ANN 各自的缺点。近年来结合神经网络和隐含马尔可夫模型的识别算法研究取得了显著进展，其识别率已经接近隐含马尔可夫模型的识别系统，进一步提高了语音识别的鲁棒性和准确率。

支持向量机是应用统计学理论的一种新的学习机模型，采用结构风险最小化原理，有效克服了传统经验风险最小化方法的缺点。其兼顾训练误差和泛化能力，在解决小样本、非线性及高维模式识别方面有许多优越的性能，已经被广泛应用到模式识别领域。

4.3 眼动追踪交互系统

眼动追踪是通过测量眼睛的注视点的位置或者眼球相对头部的运动而实现对眼球运动的追踪。眼动的本质是人注意力资源的主动或被动分配，选择更有用或更有吸引力的信息 (图 4-2)。

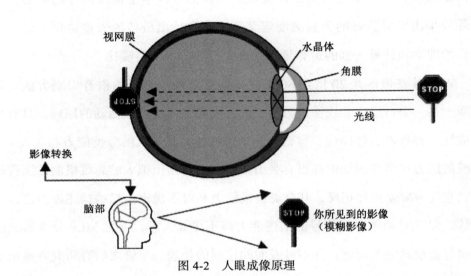

图 4-2   人眼成像原理

用户在使用产品界面或与产品互动时，运用眼动追踪方法收集详细的技术信息，并记录用户观看（和没有观看）的位置，以及观看的时间。在用户读取文本和图像时，眼动追踪记录了注视和扫视的过程，并完整地判断出眼睛浏览和停留的位置。这种技术清晰地解释了用户的眼睛看过哪些位置，没有看哪些位置。

对于用户的可能意图或注视点这样的一般情景信号，眼动追踪非常有用。许多眼动追踪的用例将会在后台工作，可以包括以下内容：

❑ 图形渲染资源分配。如果一个人正在注视某个地方，那么更多的图形渲染资源就可以在这个大方向上分配。这样给定的渲染功率可以提供更高质量的输出。

❑ 数据预取。某些 AR 数据操作需要一定的时间才能完成，例如从在线数据库中查找东西。对于基于智能眼镜的 AR 应用，如果一个人在特定方向上扫视，那么在他选择要与之交互之前，数据读取可以在后台开始。这改善了 AR 环境中的感知响应性，对移动数据网络尤为有用。

❑ 多模式智能 3D 对象选择。对于基于智能眼镜的 AR 应用，在杂乱的环境中指向小对象可能相当困难。眼动追踪可以通过把眼动信息与控制器输入组合来帮助消除选择歧义，让用户更准确地选择对象。

❑ 自动头显校准。知道用户眼睛注视位置的头显可以更好地调整自己的图像输出参数，以获得最佳的用户舒适度。

❑ 平衡操作。前庭眼反射是一种众所周知的自动反应，会把眼球运动与前庭系统的变化联系起来。知道眼睛运动和头显运动（通过加速度计）将可以对用户前庭系统的可能状态进行判断，因此可实现系统性操作，或可能在使用智能眼镜时减少晕动症的影响。

所有这些用例的共同点是：当一切运作顺畅时，你不会注意到它们正在做任何事情。事实上，我们认为，其中一些眼动追踪用例对实现真正可用的大众 AR 应用至关重要。

小结

交互技术对于增强现实的体验起着至关重要的作用。手势控制、语音控制、眼动控制都是从人体本身最自然的动作信号出发来和增强现实系统进行交互，它们将从不同方面提升增强现实的体验。本章涉及的交互技术大多需要复杂的计算，目前普遍还存在着功耗较大的问题。相信随着技术的发展，必将实现模块小型化及低功耗。本书第 6 章还将涉及交互技术的一些新的发展趋势。

增强现实行业应用

1990 年，波音公司研究员 Tom Caudell 首次提出增强现实这个术语；1992 年，美国空军研发出一套给机器操作者提供虚拟指导的 AR 系统；1998 年，AR 第一次出现在大众平台上，电视台在橄榄球赛电视转播上使用 AR 技术将得分线叠加到屏幕中的球场上。直至今日，随着计算机视觉技术的进步和硬件设备的处理能力越来越强，AR 技术在企业级和消费级市场有了越来越多的应用。本章我们将介绍不同行业及领域的典型增强现实应用案例。

5.1　增强现实在教育和技能培训领域的应用

在教育领域，针对不同年龄段的学习者，AR 可以应用在不同的学科和场景中。比如，早教类有儿童 3D 涂色书、AR 动画书；基础至高等教育阶段，AR 在地理、生物、数学和化学等学科皆有互动学习应用。

在技能培训领域，AR 有着不可替代的优势。传统的书本视频教学不够直观，效果有限，而面授培训花费高昂，培训过程不可重复，耗费教导人员的大量时间和精力。AR 可将真实工作场景呈现在学习者面前，学生就像拥有一个

24 小时的私人教练，一对一指导每个标准步骤，在工业维修和医疗培训中可大大提高学习效率。

5.1.1 早教类增强现实应用

3D 涂色是 AR 早教领域最成熟的产品之一。迪士尼旗下 Disney Research 团队将 AR 技术与上色结合起来，通过配套 App 将填色的 2D 卡通人物以 3D 方式呈现。小朋友在纸上给卡通人物上色的时候，智能设备里的 App 会通过摄像头根据纸上绘画的颜色和形状创建一个相应活动的 3D 模型，并把 3D 模型同绘画实时在软件里叠加显示（图 5-1）。

图 5-1 迪士尼涂色 AR 应用

AR 动画书的特点是让静态的图文"活"起来。打开图书配套 App，用智能设备的摄像头去扫描图书指定页码上的图片，通过屏幕可以看到书中平面的形象变为 3D 立体模型，点击屏幕还可以进行互动，将视觉画面扩展到视听多方位的体验。图 5-2 是丹麦公司 books & magic 设计的安徒生经典童话《小美人鱼》的绘本。

图 5-2　小美人鱼绘本

5.1.2　学科教学类增强现实应用

AR 应用在各学科中不仅使学生更容易理解理论概念，还提高了学习兴趣。立体几何是数学教学的一个难点，很多学生空间想象能力不够，AR 将 2D 概念转化为立体 3D 模型，对那些在空间认知方面有困难的学生尤其有用。加拿大就推广了一款数学教育 AR App，用于解释各个数学定理（图 5-3 ）。

图 5-3 加拿大推广的数学教育 AR

Elements 4D 是由 Daqri 公司推出的一款化学学习应用，它就像一个可随身携带的虚拟化学实验室。整个产品分为两部分：六个标明不同化学元素的立方体和配套 App。打开 App，将智能设备的摄像头对准立方体的一面，屏幕上会出现该化学元素的解析，加入另一个立方体，如果两个化学元素可产生化学反应，还可在屏幕上看到相应动画，如氢和氧能生成水（图 5-4）。

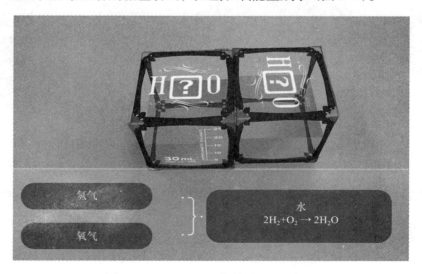

图 5-4 Elements 4D 化学学习 AR 应用

5.1.3 工业培训类增强现实应用

在竞争激烈的传统行业，大公司们已经开始借力 AR，用虚拟培训提高培训效率，降低培训成本。

日本航空公司和微软合作，借助 Microsoft Hololens 开发了用于发动机机械师和副驾驶员的辅助培训。以往，机械师需要预约，等飞机在机库进行维护时才能进行实操培训。通过 HoloLens 将虚拟的 3D 引擎投射在现实环境中，机械师可以通过模拟拆分重要零件来学习引擎结构，不受时间和地点的限制（图 5-5）。

图 5-5　日本航空 HoloLens 应用案例

在传统培训的初级阶段，机组培训生主要借助能够呈现座舱仪表盘及开关图像的操作面板来学习操作规程。通过 HoloLens，培训生眼前将呈现出整个驾驶舱的全息景象，借助 HoloLens 提供的图像和声音指导，培训生可以独立完成操作（图 5-6）。

图 5-6　驾驶舱模拟 HoloLens 应用案例

在医疗教育方面，微软与美国凯斯西储大学合作，将 HoloLens 用于基础医学培训。学生戴上 HoloLens 后可 360° 观察人体肌肉、血管、骨骼组织和各个器官的结构。

从医学院学生到专业医生的培养需要大量实践积累，但是手术室内可容纳的观摩人数有限，此时主刀医生可以佩戴 AR 眼镜进行手术直播，让尽可能多的医学生都能远程学习。AR 眼镜的摄像头可以第一视角记录整个手术过程，方便远程专家会诊以及合作手术。比如在医生资源不足的边远地区，主刀医生在手术过程中可通过 AR 眼镜和专家远程连线，同步手术进度和操作，让专家提供指导。

5.2　增强现实在游戏娱乐领域的应用

早期的增强现实游戏大多基于手机或平板电脑，随着越来越多的公司开始开发 AR 头戴显示设备，AR 游戏也有了更多的表现形式及玩法。

《Ingress》（图5-7）是一款较早的增强现实类大型多人电子游戏，由Niantic Labs开发，于2013年12月14日公测。游戏运用了虚拟环境与真实地图相结合的技术，需要配合手机中的地图软件（基于Google Map）使用，玩家在现实世界中行走到某个特定地点之后，就可以打开游戏程序发现传送门、神秘能量XM或是其他物品，然后再利用搜集到的XM能量靠近散布在地图上的传送门进行部署、入侵等动作。

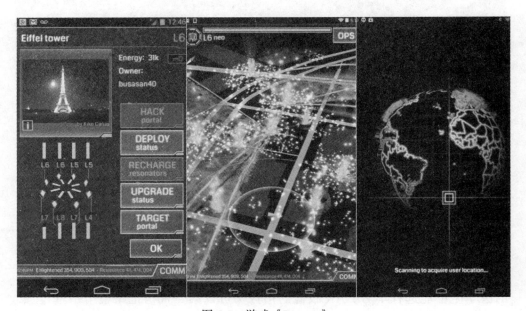

图 5-7　游戏《Ingress》

微软与Asobo Studio合作开发了第一款基于HoloLens的AR侦探类游戏《Fragments》（图5-8）。游戏初始化的时候，首先会通过HoloLens扫描场地环境，计算空间大小，探测空间中障碍物的位置。SLAM技术的运用使游戏中的角色和物体道具会合理地叠加到真实空间中，虚拟角色会坐到真实世界的沙发上，真实的空间加上虚拟信息的叠加将房间变成一个犯罪现场。玩家作为游戏主人公以第一视角沉浸于游戏之中与角色互动。

图 5-8 基于 HoloLens 的游戏《Fragments》

5.3 市场营销类增强现实应用

很多企业利用 AR 技术与自己的产品和服务相结合，吸引消费者的眼球，提供更新颖方便的消费体验。下面我们看几个案例。

可口可乐 AR 圣诞老人

2014 年 12 月，可口可乐为圣诞季上线了一个 AR 营销活动（图 5-9）。消费者打开 App，用手机摄像头对准瓶身、巴士站广告和海报贴纸上的可口可乐商标扫描，就可以看到雪花和 3D 圣诞老人出现在屏幕上送出圣诞祝福等效果。用户可以与 3D 圣诞老人拍照、录制视频、分享给好友或上传至社交网站。

图 5-9 可口可乐 AR 圣诞营销活动

丝芙兰 AR 试妆

2014 年路威酩轩集团（LVMH）旗下美妆零售店丝芙兰（Sephora）推出了一款 AR 试妆应用。用户打开 Sephora Virtual Artist App，摄像头可捕捉人脸面部特征做精准面部识别，点击不同颜色的眼影和口红等，在屏幕上就可以将这些颜色虚拟地涂抹在用户的脸上。用户转动头部可以从不同角度观察上妆效果（图 5-10）。AR 虚拟试妆可省去准备化妆工具等费用，也避免用户共用试用品可能产生的卫生方面的问题。

图 5-10 丝芙兰 AR 试妆

宜家 AR 产品目录

瑞典家居用品零售商宜家 IKEA 在 2014 年推出的产品目录搭配了 AR App。消费者只需打开 App 扫描目录页，把产品目录放在想要摆放家具的位置上，然后拖动 3D 虚拟家具，就可以在屏幕上看到选中的餐桌、沙发放在家中是什么样子（图 5-11）。

图 5-11　宜家家居 AR 应用

支付宝 AR 红包

国内科技巨头腾讯、百度和阿里巴巴都在 2016 年推出了 AR 营销活动。比如百度在 8 月推出了 Dusee AR 互动平台，与伊利、奔驰等品牌合作，用户扫一扫伊利牛奶盒封面，可以查看牛奶成分信息、在线参观牧场、报名参加活动等。阿里巴巴旗下支付宝推出春节营销——AR 实景红包。AR 实景红包基于"LBS+AR+红包"的方式。用户可以在支付宝上点击"红包"，选择"AR 实景红包"，再选择"藏红包"，用户分别设置完位置信息、线索图和领取人后，就生成了 AR 实景红包。之后，将线索图通过支付宝、微信、QQ 等社交平台发送给朋友，邀请他们来领取。领取红包有两个条件：（1）走到藏红包的 500 米范围内；（2）找到线索图中的物体，打开支付宝扫一扫。用户还可以在红包地图上看到其他用户和商家发放的红包。如果红包的领取者为"任何人"，用户就可以按照线索图和地理位置的提示寻找并领取红包。

5.4 文化旅游类增强现实应用

当人们到一个新的城市或博物馆进行旅游或参观时，总是想了解那些新奇建筑物或展品背后的有趣信息。我们通常可从导游的讲解中得知这些信息，或是阅读放置在展品旁边的信息板。但导游费用较高且不能随时随地在身边讲解，信息板展示的内容又有限。这时，AR 导览就可以作为一个贴身的虚拟导游。虚拟的交互展览丰富了旅行者的参观体验。

时间旅行者

德国增强现实公司 Metaio（2015 年被苹果公司收购）在 2014 年发布了一款名为时间旅行者（Time Traveler）的应用。用户使用智能设备对准柏林墙及其周边的位置，即可看到图片视频等相关历史资料叠加在现实世界里的柏林墙上，还可在屏幕上看到被拆除的建筑物虚拟重建后的景象（图 5-12）。

图 5-12　柏林墙时间旅行者 AR 应用

AR 博物馆

加拿大阿尔伯塔省的菲利普·柯里恐龙博物馆在 2015 年 9 月向公众开放了加入增强现实特效的恐龙展览。用户将平板电脑的镜头对准恐龙骨架，点击即可在屏幕上看到骨架被激活成一只"活"的恐龙，还可在恐龙周围添加虚拟的生态系统，如侏罗纪、三叠纪、白垩纪和泥盆纪（图 5-13）。

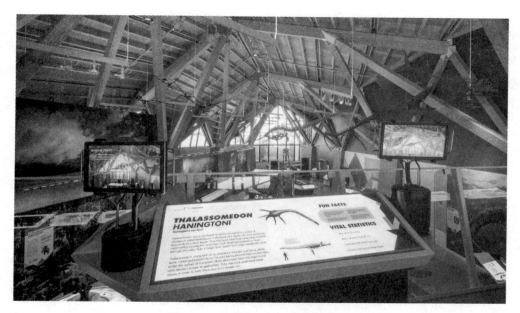

图 5-13　菲利普·柯里恐龙博物馆

5.5　工业和医疗类增强现实应用

IT 研究咨询机构 Gartner 曾预估到 2017 年，融合增强现实技术的智能眼镜和头戴设备将大大提高工业维修、制造和医疗领域工作人员的效率，每年将为行业节省十亿美金。

增强现实公司 Daqri 在 2015 年开始测试使用自己研发的智能头盔，推出了工业领域的企业级增强现实解决方案。如果生产线上的机器出现问题，云端管理系统会通知离该设备最近的维修员去检修。维修员戴着智能眼镜，面对生产线，云端会推送图像和声音信息告诉维修员哪里有损坏并提供维修步骤。后台的专家可以远程连线以第一视角观察维修工作画面，给维修员提供指导。头盔配备的感应器可探测到设备的距离和温度，并将信息上传到云端。维修员不需要拿平板电脑或其他手持设备查阅信息，即可高效进行维修工作（图 5-14 ）。

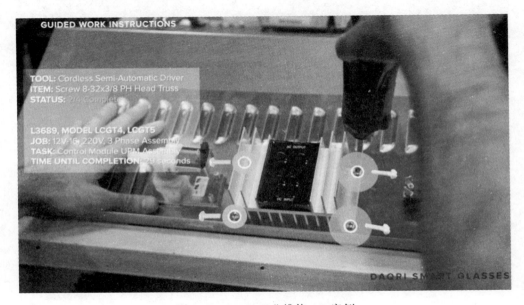

图 5-14　Daqri 工业维修 AR 案例

飞利浦于 2017 年对外宣布正在研发微创外科手术的 AR 导航平台，减少微创手术可见性方面的限制。比如进行微创脊柱外科手术时，首先通过低剂量 X 射线扫描病人需进行手术的部位，得到人体肌肉骨骼血管等数据并完成 3D 立体成像，外科医生可以提前设计最佳手术路径。实施手术时，外科医生戴上智能眼镜即可看到 3D 影像覆盖在手术部位，AR 导航系统会帮助医生确定切口的位置（图 5-15）。

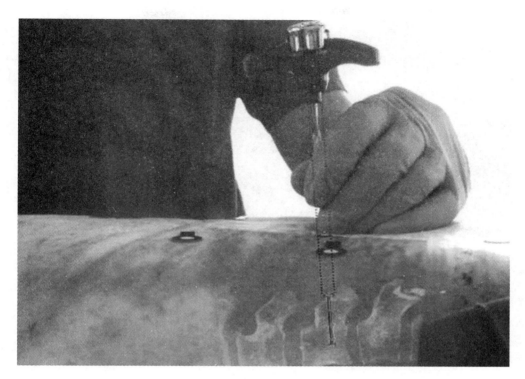

图 5-15　飞利浦手术 AR 导航平台

5.6　军事类增强现实应用

最早的增强现实技术就是应用在军事领域，之后才扩展到民用领域。美国军方资助的一家研究院在 2014 年研发出一款在战地使用的 AR 头戴显示设备，名为 ARC4（图 5-16）。传统的信息显示系统要求士兵低头看地图或者智能手机才能获取战术信息，当士兵们低头时就不能同时看到他们面前发生了什么状况。ARC4 融合 AR 引擎、头部追踪感应器、网络管理系统和夜视系统，士兵戴上头盔在行进中就能看到地图等战术信息显示在眼前，还可扫描眼前障碍物计算距离，与团队分享战地情况。指挥中心根据 GPS 定位，可即时推送相关警报或发布命令。

图 5-16 ARC4 增强现实军事应用

就现行趋势来看，随着硬件产品的不断成熟，增强现实将在工业医疗领域降低成本、提高效率、发挥更大的作用，成为现代企业不可或缺的一项解决方案。

小结

本章展示了 AR 在不同领域的经典案例。必须要强调的是，当前增强现实仍然处于起始阶段。由于增强现实的高度适应性及实用性，相信在更多行业及领域都能有更大的利用空间。

增强现实系统发展趋势

6.1　增强现实软件发展趋势

目前增强现实软件发展处于关键时期。计算机视觉的底层算法正处于从传统基于像素的计算方法到基于人工智能的方法的转变中，日趋成熟的云计算技术与增强现实正在进行着不同方面的各种尝试与结合，基于 SLAM 的大范围空间定位技术也将逐步在各个方向展现出广阔的应用前景。

6.1.1　深度学习与增强现实的结合

近年，人工智能、深度学习和机器学习频繁出现在一些科技报道及学术文章中。这三者有着相同的元素而又有着不同的先后出现顺序。最早出现的是人工智能，接着出现的是机器学习，最后是推动目前人工智能领域出现爆炸性发展的深度学习（图 6-1）。

深度学习是人工智能中成长最快速的领域，可协助电脑理解影像、声音和文字等资料。透过多层级的神经网路，电脑可以和人类一样针对复杂的情况进行观察、学习和反应，甚至表现得更好。

各行各业中具有前瞻性的公司都已开始采用深度学习处理大量增加的资料，改善机器学习算法并发展适合大数据量的硬件。这可协助他们找出新方法，发掘手边的丰富资料，进而开发新的产品、服务和程序，并创造突破性的竞争优势。

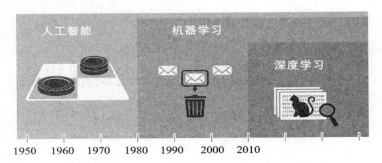

图 6-1　人工智能、机器学习及深度学习的发展时间

　　增强现实与深度学习的结合主要体现在以下两个方面：（1）利用深度学习的架构提升目前增强现实算法的准确度；（2）利用深度学习做到针对一般物体的模糊识别。

　　由于深度学习的特性，可以利用额外的信息对 AR 的输出结果进行训练和学习，从而实现越用越准确的效果。

　　举例来说，由图 6-2 可见，在增强现实的具体应用中，目标与摄像头的相对位移分为摄像头的移动及目标移动。无论是哪种移动，后期都是配合同一种 AR 核心追踪算法，从而得到输出的 6 自由度结果。

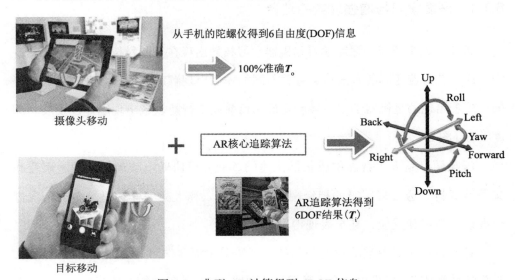

图 6-2　典型 AR 计算得到 6DOF 信息

当目标静止而摄像头移动的时候，从手机内置的陀螺仪可以得到完全准确的 6DOF 信息（T_o）；当摄像头静止而目标移动的时候，完全依赖 AR 核心追踪算法来计算出 6DOF 信息（T_i），这时候的 6DOF 信息由于算法或是环境光的关系会和实际的 6DOF 存在一定的偏差。

假设将 T_i 乘上一个校正矩阵 T_h 得到完全准确的 T_o（图 6-3）。那么利用反馈式神经网络（图 6-4），将 T_o 作为输入反馈到神经网络可以训练出 T_h。并且随着使用的时间增长，T_h 的精准度也会逐步提升。

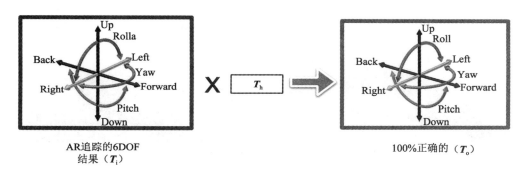

图 6-3　6DOF 信息结合深度学习校正矩阵

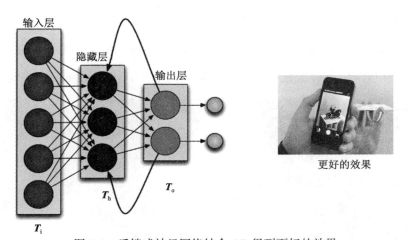

图 6-4　反馈式神经网络结合 AR 得到更好的效果

配合特定数据库的训练，深度学习还可以实现不同物体的识别与分类。配合增强现实的显示方式，可以直接在物体表面增加额外的信息。

举例来说，由图 6-5 所示，利用深度学习识别到玩具车属于"Truck"。进一步，如图 6-6 所示，可以识别到该玩具车属于"Truck: Transformers Optiums Prime Truck"。

Truck

图 6-5   利用深度学习进行分类

"Truck: Transformers Optiums Prime Truck"

图 6-6   利用深度学习进行进一步识别

此时，通过网络搜索到对应的相关信息（Optimus Prime（formerly Orion Pax）is a fictional character from the Transformers franchise），并利用物体轮廓识别技术，直接将信息叠加在物体表面（图 6-7 所示），实现增强现实的效果。

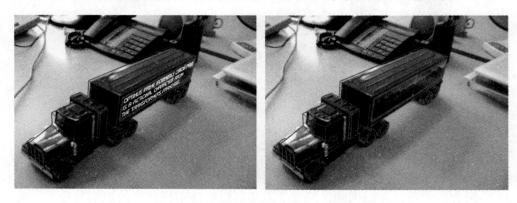

图 6-7   将相关信息直接叠加到物体表面的增强现实效果

6.1.2　云计算技术与增强现实的结合

近年来，云计算技术与增强现实技术各自都已经发展得相当成熟，但是很少将两者结合起来。从很多角度来说，将两种技术结合起来的潜在可能性很大且非常有吸引力。

第一，短期内采用增强现实技术面临的核心挑战不仅仅是硬件的成本，还有处理进程和 3D 渲染要求。理论上，一个云计算模型如果可以适应特定类型的多核 CPU 的处理能力并且可以进入云计算数据中心，就应该能够轻松地满足 AR 应用程序运行的原始计算要求。

第二，我们已经清楚，真正令人头痛的是 AR 应用程序需要更快的计算速度，甚至比如今的电动汽车要求的计算速度还要快。云服务可以更容易地提高核心设备的服务运行速度，然后将这个优势传递给用户。

第三，AR 应用程序正处在发展早期，我们可能会看到其在自然、功能、UI 和软件各方面的快速发展和重大变化。这些快速发展的应用程序提供的云交付可能会为终端用户带来更加方便快捷的使用体验，无论是对于消费者使用还是商业应用。

云计算和增强现实结合的最典型应用是基于云端图像识别的增强现实系统（图 6-8）。典型的基于云端的图像识别系统流程如下：

❑ 用户将目标识别图和相应的素材交给内容制作团队。

❑ 内容制作团队整理并定制后把目标图片上传到图片识别服务器，相应的资源上传到内容服务器。

❑ 终端用户打开 App，并用摄像头对准目标图片。

❑ 图片识别服务器分析由 App 上传的数据并返回图片资源信息。

❑ App 根据返回的信息向内容服务器下载资源并加载。

❑ 终端用户体验到 AR 效果。

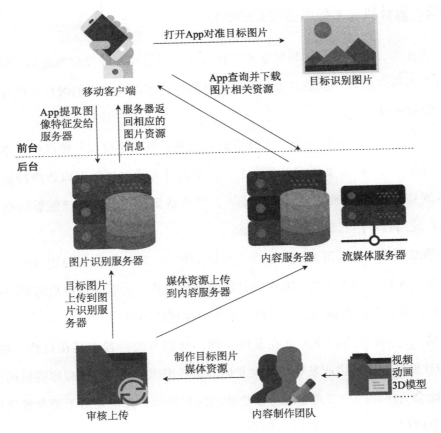

图 6-8 基于云端图像识别的增强现实系统

6.1.3 大范围三维重建技术

三维重建的大致过程可形式化为固定世界坐标系后逐渐增加场景元素，是一个逐渐拼接增加地图的过程。摄像机平滑可追踪相当于转变位姿后的单幅图像相对于世界坐标系静止，场景数据是单幅图像的几倍到十几倍，累计误差较小。若场景较大，并且向一个维度或者几个维度延伸较长，场景匹配的累计误差将变得不可忽略，消除误差的方法也变得更为重要。

大规模场景重建按照场景规模大小可分为像素级别重建、稀疏重建及环境重建。

像素级别重建

Kinect 适合小型目标或者小范围内的室内场景，要求摄像机追踪的长期累计误差对整个重建过程影响不大，且对三维图像进行配准拼接需要极大的计算量，在相对苛刻的环境中达不到实时性的要求。在特定的应用场景中，不对所有像素进行配准和拼接，只对特定的区块进行重建，因此引入稀疏重建的方法（图 6-9）。

图 6-9　像素级别的小范围重建

此外，大规模静态场景的像素级别重建一般引入精确测距仪作为辅助，是一个大型工程问题，不是一个算法和框架可以描述的，需要更多设备和人的配合。

稀疏重建

这种重建针对场景从几平方米到几十平方米的室内，并且可扩展到室外。用少量的设备完成满足特定需求的场景重建，相关行业都有各自的要求。其中对于机器人行业来说，机器人的重要功能为路径规划和位移，且特定机器人的运动场景较大，实时性较高，在多数情况下不需要进行像素级别的重建，进行特征点级别的稀疏重建是一种必要的方法。

在一个设定的世界坐标系中，SLAM 用于即时确定相机的位姿和构建增量地图。SLAM 作为一个"鸡和蛋"问题，随着机器人学的发展已经有较长的历史，并发展出不同的方法。受限于硬件本身的计算能力，机器人广泛使用的SLAM 方法为特征点级别的稀疏重建，重建的地图为拓扑地图。由此发展出一系列的 SLAM 方法（图 6-10）。

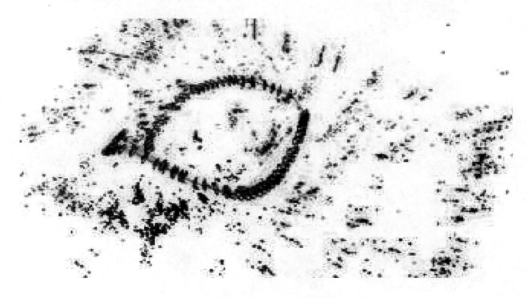

图 6-10　基于 ORB-SLAM 的稀疏重建

环境重建

更大范围的三维场景重建需要更重要的消除误差的方法，大的拓扑地图消耗大量的特征点标记，而构建拓扑地图的特征点块描述能力有限，需要更高层次的描述来进行场景拼接。

因此消除误差的方法被引入 SLAM 中。回环检测经典算法使用词袋模型，对成组的特征点进行模式识别，识别已扫描场景并找到"回环"，用来校正闭环内的误差。可以将目标识别看作建立一个描述能力更强的地图标记，并且这个标记相对于单幅图像几十个、数百个特征点数量更少，在描述大范围场景时需要更少的拓扑标记（图 6-11）。

图 6-11　基于 LSD-SLAM 的环境重建

目标识别和目标级别地图构建一般作为特征点场景稀疏重建的并行过程，在此过程中可以引入一系列目标识别的方法。

受限于计算和存储问题，随着场景的扩大，三维重建受到的限制增加，重建的粒度需要改变。对于小型目标或者场景可以使用固定摄像机，或者可以不必重视摄像机位姿变换累计误差，进行像素级别的稠密重建。实时性要求较高或者环境数据增加时，图像数据和地图数据暴增，或者摄像机位姿转换空间变大、时间变长，这时基于特征点块的稀疏重建作为一种合适的方法被普遍使用。对于更大的场景或者更长时间的摄像机位姿变换，数据累计的误差增多，环境描述方法因此也发生变化，基于目标的环境表示适合作为大范围拓扑地图以辅助重建。三维重建问题是个工程问题，根据不同的场景需要评估相应的复杂度。

小结

本节介绍了炙手可热的人工智能及云计算与增强现实技术的结合，从中我们看到了广阔的发展空间。此外，大范围三维重建技术的发展也对测绘科学、环境监测及虚拟现实等多个行业及领域的发展有着深远的影响。

6.2 增强现实硬件发展趋势

增强现实的硬件主要是围绕着不同形态的智能眼镜来进行开发。随着以 Magic Leap 为代表的新一代智能眼镜制造商的崛起，面向未来的光场成像技术及半导体光学将带给消费者全新的增强现实体验。

6.2.1 基于光场成像技术的增强现实系统

关于光场的定义，我们用一个实例来进行解释。假设用一个玻璃盒子罩住一只兔子，然后透过玻璃盒子来观察这只兔子。从盒子表面向三维空间的任意一个方向发出一条射线，这条射线的颜色由兔子和光照条件决定。我们用 S 来表示玻璃盒子，$d \in \mathbb{S}^2$ 表示单位向量，一条射线表示为 $\gamma(t) = p + td$，$p \in S$，$d \in \mathbb{S}^2$，所有射线的集合记为 $\Gamma := S \times \mathbb{S}^2$。每条射线对应着一个颜色，我们用三维空间中的一个点来表示 $(r, g, b) \in \mathbb{R}^3$。因此，光场就是从射线空间到颜色空间的映射，换言之，光场是定义在射线空间上的矢量值函数：

$$L: \Gamma \to \mathbb{R}^3, \quad \gamma \mapsto (r, g, b)$$

假设我们去掉了兔子，但是这个玻璃盒子是一个魔盒，光场信息被完美保留。当我们观察这个魔盒的时候，所有经过眼睛的射线合成了视网膜上的一幅图像。我们可以自由地改变距离和视角，兔子在视网膜上的图像也相应地自然变化，根本觉察不到兔子的消失。因此，有了魔盒，我们不再需要真正的兔子。这就是兔子的光场（图 6-12）。

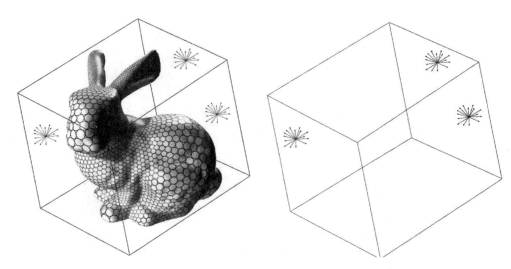

图 6-12 光场的魔盒解释

图 6-12 在光学领域中，光场是一个古老的概念。它于 1996 年被微软和斯坦福大学的学者引入计算机图形学领域，发展到 2016 年，已经整整 20 个年头了。但它真正在工业界产生影响还是近几年的事情，Magic Leap 应该算是光场理论在现实应用中的一个巅峰。

我们可以用兔子的光场来取代兔子，渲染生成各种角度的照片，这样我们就无需建立兔子的几何模型、纹理模型和光照模型。对于大场景、复杂光照条件或者复杂几何模型（如长绒玩具）等，光场比实物的数字模型更为简单，也比光线跟踪得到的渲染结果更加逼真和高效。历史上，微软曾经推出过一版基于光场的游戏，类似于孤岛寻宝，游戏的所有场景都是从真实自然中采集的，非常逼真。

光场是定义在射线空间上的函数，射线空间是四维的，但传统的针孔相机只能采集二维射线簇，因此光场采集具有很大难度。早期的光场采集方法比较简单，就是用大规模相机阵列，如图 6-13 所示。这种光场相机笨重昂贵，无法普及。

图 6-13　斯坦福的光场相机：16×8 多相机阵列

随着数字相机技术的成熟，针孔相机越来越小，可以密集地集成在一起，从而缩小了光场相机的体积。但是镜头的尺寸无法缩减，如图 6-14 所示。

图 6-14　斯坦福的光场相机：相机阵列

真正的突破来自于仿生学。许多昆虫都有复眼，复眼获取的就是光场信息（图 6-15）。

图 6-15　昆虫的复眼：光场相机

　　人类模仿昆虫，制造了类似复眼的镜头，如图 6-16 所示，在一个大镜头上集成了数十个小镜头。依随光学工艺的改进，人们已经能够在一张塑料薄膜上集成数千个微小镜头。斯坦福的博士生吴任基于这种想法，创立了光场相机 Lytro 公司。

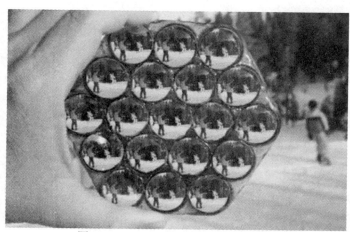

图 6-16　Adobe 制造的人造复眼原型

传统的相机需要先对焦，再照相，而 Lytro 相机提出的口号是"先照相，再对焦"。因为 Lytro 相机得到的是光场信息，使用者可以利用四维光场合成不同角度和深度的二维相片。

图 6-17　Lytro 相机

比如图 6-18 所示的婚纱摄影，对于同一张光场相片，我们既可以聚焦于靠近镜头的新郎，也可以聚焦于远离镜头的新娘。

图 6-18　Lytro 婚纱照：同一张光场相片，可以聚焦在不同的区域

传统的显示方式（如屏幕、LCD / LED）只保留了射线穿过屏幕的几何信息和颜色信息，没有保留射线的方向信息。屏幕是漫反射的，从屏幕上某一点发出的所有射线都是相同颜色的，而光场显示要求从同一点出发的不同射线具有不同的颜色，如图 6-19 所示。光场显示正是 Magic Leap 的核心技术。

图 6-19　显示模式对比：左图是传统屏幕，右图是光场显示

南加州大学（USC）提出并制作了一种光场显示装置，如图 6-20 及图 6-21 所示，有一个四面透光的玻璃柜子，柜子中间是一面和水平面夹角为 45° 的镜子，柜子顶部安装了一台高速投影仪，投影仪垂直向下投影，光线经过镜子反射后水平射出。同时，镜子高速旋转。一颗透明的人头悬浮在空气之中，当我们绕着柜子走的时候，可以看到人头的各个侧面，并且这颗人头会展现不同的表情。

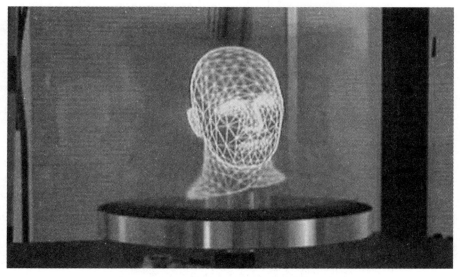

图 6-20　USC 光场显示，一颗漂浮的人头图

图 6-21　USC 光场展示用于远程会议系统

　　图 6-22 展示了这一光场显示仪器的原理。45° 倾斜的镜子（114）被电动机（115）带动旋转，图形处理器（130）生成图像并传递给高速投影仪（120），投影仪经过严格同步控制，就显示了一个三维的光场。这一装置笨重而昂贵，同时高速旋转的镜子使得系统的稳定性下降，任何机械振动都会影响光场显示效果。

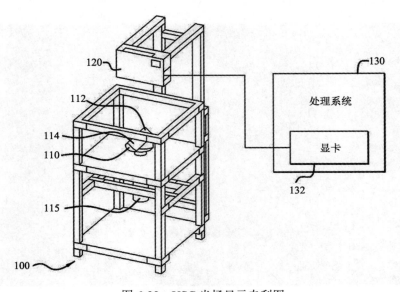

图 6-22　USC 光场显示专利图

Magic Leap 的核心技术是一种特殊的光场显示设备：光导纤维投影仪。激光在光导纤维中传播，在纤维的端口射出，输出方向和纤维相切。改变纤维在三维空间中的形状，特别是改变纤维端口处的切方向，便可以控制激光射出的方向。这就像我们拿着一个手电筒并尝试改变手电筒的位置和指向，如果我们快速摇动手腕，手电筒发出的光柱在空中划出了一个圆锥面，这个圆锥面打到一面墙上会成为一个圆周。通过快速改变手腕摇动的幅度，我们可以控制这个圆周的半径大小，从而得到一系列的同心圆，这一系列同心圆覆盖了一张圆盘。如果手电筒的光柱颜色会变化，我们就能在墙上画出一个彩色圆盘。这样，通过快速摇动手电筒，我们得到了一幅图像，或者覆盖了一簇射线。假设有很多人站在不同的空间位置，每人都摇动一只手电筒，我们就得到了一个光场。这就是 Magic Leap 的光场显示设备——光导纤维投影仪的原理。

图 6-23 显示了 Magic Leap 的手电筒，促动器（206）相当于人的手腕，光纤（208）相当于手电筒，促动器使得纤维顶端周期性地颤动，纤维顶端螺旋地画出了一系列同心圆，激光经由透镜系统输出，在空中画出组合射线，投射到平面上照亮了一个圆盘。同步地改变颜色和强度，一根纤维便可利用分时技术得到一幅图像，如图 6-24 所示

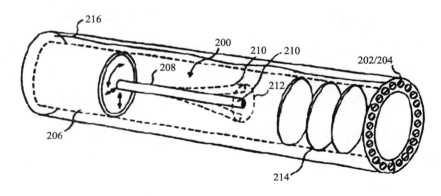

图 6-23 Magic Leap 的手电筒

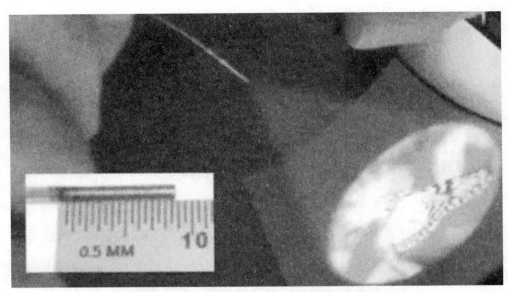

图 6-24　一根纤维利用分时技术得到一幅图像

在 Magic Leap 的纤维光投影仪中，许多根光导纤维集结成二维阵列，每根纤维都相当于一个针孔相机，二维相机阵列生成了光场。

相比于双目立体视觉，光场显示有很多优势。人类获取三维深度信息有两种途径。一种是利用立体空间信息，我们用两只眼睛看同一个物体，同一个三维空间中的点映射到左右视网膜不同的像素上。人脑能够通过视网膜上的像素，反算对应空间的射线，从而得到两条射线的交点，即得到深度信息。另一种是利用焦点信息，我们看物体的时候，大脑会自动调节眼睛中晶状体的曲率，使得物体在视网膜上清晰成像。调节晶状体肌肉的紧张程度使得大脑能够计算物体的深度信息，即所谓的利用焦点形成三维视觉。看 3D 电影的时候，我们只用到了立体空间信息，眼睛的焦距一直固定，因为眼睛到屏幕的距离不变，因此没有焦点调节的过程。但是，人类经过漫长的进化，将这两种过程自然而然地紧密联系在一起。若人为地割裂它们，就会使人头晕目眩。相反，如果用光场显示技术，我们同时需要这两种方式，因此观看时不会头晕目眩。

光场显示作为一场技术革命的开端，Magic Leap 仍面临着许多挑战。最为直接的就是：传统的显示技术只需要计算四维光场中的一个二维切片，而光场显示需要计算整个四维光场，其计算复杂度提高了几个数量级，这是技术瓶颈之一。此外精确地调控机械部件使得每一根纤维都必须稳定且自然地颤动，并且颤动模式要和数据传输相互同步，同时不受外界噪声的影响，这也需要高超的技术。

数字全息光场从概念的提出到 Magic Leap 的投资狂潮已经走过了 20 年，而数字全息技术的发展历史更加漫长。光场本质上还是几何光学，而数字全息则是波动光学。目前数字全息技术日益成熟，依随蓝色激光的发明，彩色数字全息技术成为可能。目前发展的瓶颈一是计算量巨大，远远超过光场计算；二是数字全息显示中需要一种特殊的晶体，每个像素的折射率能够由电压控制。目前这种光学器件依然昂贵，并且尺寸较小。我们相信随着光场技术的进步，数字全息技术也会得到长足发展。

6.2.2　基于半导体光学的增强现实系统

目前，各种智能眼镜的主要瓶颈在于光学显示部分难以量产。近年，有公司及研究机构开始尝试使用半导体光学技术作为增强现实眼镜的核心技术。该技术一旦成熟即可大量生产，从而解决光学显示部分难以量产的问题。

半导体光学的关键部分是半导体光放大器。半导体光放大器是光放大器的一种，光放大器是在光通信或者其他光学应用中对光信号进行放大的一种子系统产品。光放大器的原理基本是基于激光的受激辐射，通过将泵浦源的能量转变为信号光的能量从而实现放大作用。泵浦的类别主要有光泵浦和电泵浦。目前研究比较广泛的光放大器是光纤放大器，它使用的泵浦是光泵浦。光纤放大器自从 20 世纪 90 年代商业化以来，已经极大地改变了光纤通信工业，是直接导致 20 世纪末互联网迅猛发展的原因之一。然而，光纤放大器技术自此之后发展缓慢，部分原因是光纤通信所能够提供的带宽以及关联技术（例如波分复用）已经可以极大地满足近期和未来的带宽需求。相对而言，半导体放大器技术的发展在十几年以前比较缓慢，相关研究也比较有限。但是随着新一波的可穿戴式产品及物联网经济的发展，越来越多的探测器、感应器和小型低功率电子元件受到越来越多的关注。比如 Apple Watch 的中心律感应器就是基于 LED 光技术的。在这些光电元件中，半导体放大器技术起到了举足轻重的作用。新型半导体放大器对于实现相应元件的小型化、低能耗和高效率都是至关重要的。

半导体光放大器的工作原理是由驱动电流将半导体载流子转化为反转粒子，使得注入种子光幅度放大，并保持注入种子光的偏振、线宽和频率等基本物理特性。随着工作电流的增加，输出光功率也成一定函数关系增长。目前最常见和成熟的技术有直波导半导体光放大器和宽波导半导体光放大器。其中直波导半导体光放大器是利用传统的直波导结构，通过优化与光传播方向垂直方向上的结构来实现高增益。常见的技术有应变单量子阱激光放大器（SQW）等。这种光放大器的缺点是其等效光学孔径小，所以易受到灾变光学镜面损伤的局限，因而无法实现高功率。相对而言，宽波导半导体光放大器扩大了等效光学孔径，所以不容易受到灾变光学镜面损伤的局限。这里最常见的一种是基于锥型几何结构的光放大器。这种光放大器在对光进行增益的同时扩大光学孔径，从而避免灾变光学镜面损伤，但它的缺点是常常受到成丝现象的干扰，光束变成多模，导致光学质量通常不高。另外一种常见的放大器是阵列激光放大器，它利用多个直波导半导体放大器阵列，通过光聚合来实现功率的增加。这种结构的缺点是需要外部光学部件来实现光聚合，所以无法做到小型化。

美国西北大学的侯振宇博士和他的同事最近开发出一种新型的半导体光学放大器技术，克服了以上传统光放大器的缺点。这项技术的核心是利用一种曲面反射器结构实现对光集成电路光波导内光束的自由控制，从而方便灵活地构建所需要半导体放大器的几何结构。通过对曲面反射器几何结构的精确控制，集成光束可以在极小的空间内实现极大的扩束，通过增益介质后又可以通过曲面反射器实现光聚合，从而极大地提高了空间利用率，并提高了输出功率（图 6-25）。同时由于设计的灵活性，增益介质可以设计成任何结构，从而有普适性好的特点。通过这项技术，侯振宇博士和他的同事成功地在小于 1mm 的 InGaAsP 结构的曲面反射器半导体放大器（CR-SOA）上实现了约 1W 的输出功率（图 6-26）。这项技术在《光学通讯》等国际知名期刊上发表，并且受到了广泛关注。

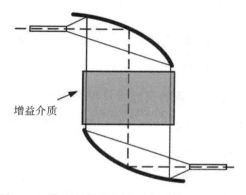

图 6-25　曲面反射器和增益介质集成的简图

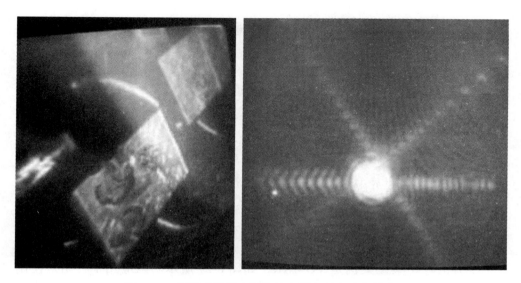

图 6-26　曲面反射器半导体放大器实现高功率输出

小结

本节介绍了两种非常前沿的增强现实相关硬件技术。目前，光场显示技术还处于原型阶段，没有真正的产品面世；而半导体光学更是处于非常早期的阶段。被寄予厚望的 Magic Leap 有望在 2017 年推出期第一款产品，届时新一代的增强现实技术将真正接受公众的检验。

6.3 增强现实人机交互技术发展趋势

随着增强现实技术的不断成熟，传统的 GUI 已经无法适应 AR 中虚实融合的交互场景，越来越多的学者开始寻求新的交互方式以适应这种新型技术的发展。他们从实践中总结出了新的交互设计原则与评估方法，研制了适用于 AR 技术的新型交互技术，并在此基础上开发了新型的交互系统及应用，极大地推进了 AR 和人机交互技术的发展。

6.3.1 新形态用户界面

新型交互技术和设备的出现，使人机界面不断向着更高效、更自然的方向发展。目前研究较多的用户界面形态包括：实物用户界面（TUI）、触控用户界面、3DUI、多通道用户界面和混合用户界面。

实物用户界面

TUI 是目前在基于智能眼镜的增强现实领域应用得最多的交互方式，它支持用户直接使用现实世界中的物体与计算机进行交互，无论是在现实环境中加入辅助的虚拟信息，还是在虚拟环境中使用现实物体辅助交互，在这种交互范式下都显得非常自然并对用户具有吸引力。

TUI 的一个典型案例是 VOMAR，如图 6-27 所示。该应用中，用户使用一个真实的物理的桨来选择和重新排列客厅中的家具，桨叶的运动直观地映射到基于手势的命令中，如"挖"一个对象从而选择它，或"敲击"一个对象从而使它消失。TUI 中物体的特点是它们既是实际可触摸的物体，又能完美地与虚拟信息匹配并供用户进行操纵，这样用户便能将抽象概念与实体概念进行比较、组合或充分利用。

图 6-27　典型的 TUI 应用：VOMAR

　　如图 6-28 所示，利用 TUI 的这一特点实现了一个多用户信息可视化、展示和教育平台，其利用摄像机跟踪用户手中的笔和交互平板，使用户能够使用它们直接操控虚拟信息。每个用户都佩戴一个 HMD，可以看到叠加在交互平板中的 2D 图表，并能使用各自的笔来操控和修改相应的 3D 模型。在 AR 技术的帮助下，不同用户眼中的模型得到了相应的视觉修正，使得虚拟内容自然真实，非常适合多用户协同工作。

　　另一个在人机交互学术界久负盛名 TUI 案例是 Tangible bits，该工作实现了一个 metaDESK（图 6-29）实物交互桌面。在 metaDESK 中，虚拟信息的浏览方式被现实世界物体增强了，用户不再使用窗口、菜单、图标等传统 GUI，而是利用放大镜、标尺、小块等物体进行更自然的交互。

图 6-28 典型的 TUI 应用 :Studierstube

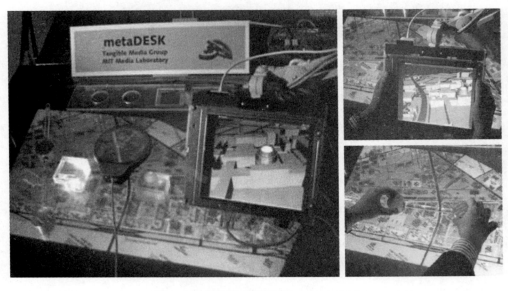

图 6-29 典型的 TUI 应用：metaDESK

触控用户界面

触控用户界面是在 GUI 的基础上，以触觉感知作为主要技术的交互技术。直接用手通过屏幕与虚实物体交互是一种比较自然的方式，手机、平板电脑等移动设备以及透明触屏能提供这种支持，这使得直接触控成为基于智能眼镜的增强现实中主要的交互方式之一。

如图 6-30 所示，利用智能手机实现了一个在纸质地图上的信息增强系统，纸质地图能够很好地使用户对地理位置的认知保持一致，而叠加的虚拟内容能够提供详细拓展信息，这使得此类应用比一般的电子地图更容易使用。

图 6-30 典型的触控用户界面应用：增强现实地图

此外，这方面最新的成果之一（图 6-31）将触屏操控的传统 GUI 叠加在现实世界当中，拓展了物理实体的功能，使它们变得更加"聪明"，使用户能够通过平板电脑为上锁的门禁输入密码、开关电灯、调整收音机的音量等。

图 6-31 典型的触控用户界面应用：Smarter Objects

3DUI

在 3DUI 中，用户在一个虚拟或者现实的 3D 空间中与计算机进行交互。3DUI 是从虚拟现实技术中衍生而来的交互技术，在纯虚拟环境中进行物体获取、观察世界、地形漫游、搜索与导航都需要 3DUI 的支持。在基于智能眼镜的增强现实环境中，这种交互需求同样大量存在，因此它也是极其重要的交互手段之一。3DUI 与其他界面范式、交互技术、交互工具深度融合，产生了形式多样的创新型应用。

如图 6-32 所示，有学者利用 AR 技术实现了一个远程会议室，会议室的主体由 3D 模型构成，在虚拟会议室中叠加了实时视频流以及其他 2D 信息以便于交流，身处不同地点的用户可以方便地通过这个系统进行面对面的会谈、信息展示和分享。

图 6-32 典型的 3DUI 应用：AR 会议室

在 HoloDesk 中（图 6-33），研究者实现了一个用手直接与现实和虚拟的 3D 物体交互的系统，该工作的亮点在于它不借助任何标志物就能实时地在 3D 空间中建立虚实融合的物理模型，实现了生活中的刚体或软体与虚拟物体的高度融合，为 AR 中的人机交互起到了重要的支撑作用。

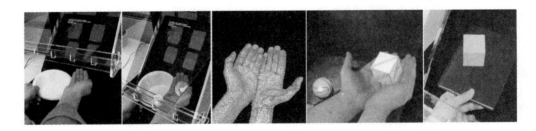

图 6-33 典型的 3DUI 应用：HoleDesk

SpaceTop（图 6-34）将 2D 交互和 3D 交互融合到一个桌面工作空间中，利用 3D 交互和可视化技术拓展了传统的桌面用户界面，实现了 2D 和 3D 操作的无缝结合。在 SpaceTop 中，用户可以在 2D 中输入、点击、绘画，并能轻松地操作 2D 元素使其悬浮于 3D 空间中，进而在 3D 空间中更直观地控制和观察。该系统充分发挥了 2D 和 3D 空间中的优势，使交互更为高效。

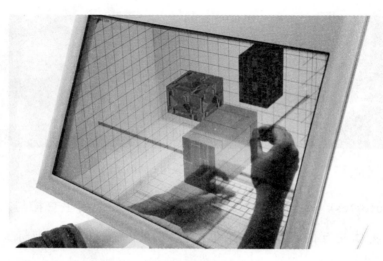

图 6-34　典型的 3DUI 应用：SpaceTop

多通道用户界面

多通道用户界面支持用户通过多种通道与计算机进行交互，这些通道包括不同的输入工具（如文字、语音、手势等）和不同的人类感知通道（如视觉、听觉、嗅觉等），在这种交互方式中通常需要维持不同通道间的一致性。基于智能眼镜的增强现实中的许多应用都利用了多通道交互技术。

例如，WUW 系统（图 6-35）很好地利用了这一点，它将虚拟信息投影在表面、墙壁和物理物体上，并允许用户通过手势、上肢动作和物体的直接操控等多种途径与之进行交互，不同交互通道相互补足，提高了交互效率。

图 6-35　典型的多通道用户界面：WUW

图 6-36 所示的系统则很好地利用多通道交互技术消除了 AR 环境中的交互二义性，在与 VOMAR 类似的虚拟家居设计环境中，存在着较为严重的跟踪识别误差与交互二义性。而在原本交互通道的基础上，利用时间和语义融合技术对语音交互通道的交互行为进行修正，能够很大程度上消除这种偏差，弥补了 AR 环境中交互不确定性较大的缺陷。

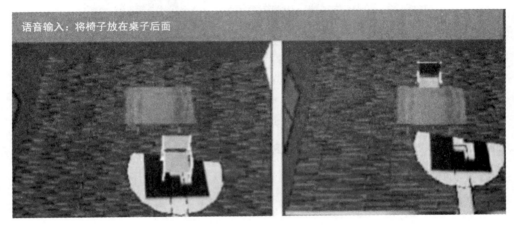

图 6-36　典型的多通道用户界面：利用时间和语义融合技术进行修正

混合用户界面

混合用户界面将不同但相互补足的用户界面进行组合，用户通过多种不同的交互设备进行交互。它为用户提供更为灵活的交互平台，以满足多样化的日常交互行为。这种交互方式在多人协作交互场景中得到了成功的应用。

有些研究单位（图 6-37）利用投影仪、PC、交互桌面和物理实体等多种交互设备和工具构建了一个多用户协同工作平台，叠加在工作环境中的虚拟信息和不同设备的密切合作使用户之间、设备之间的交流和信息共享更加高效。前面提到过的 Tangible bits 也是混合用户界面的典型例子。

图 6-37　典型的混合用户界面：Augmented surfaces

除了已经提到的 metaDESK，这项工作中还包括两个重要应用场景 ambientROOM（图 6-38）和 transBOARD（图 6-39），它们三者一起将日常生活中的各种实物、显示设备、绘图白板以及有意或无意的用户行为都用在了 AR 交互当中。除了利用实物操作虚拟信息外，房间内的光影、声音、气流和水流也被用于提供交互线索，用户在普通绘图板上的写写画画，通过摄像机拍摄和识别便能将数字信息方便地分享和传输。混合用户界面能够利用不同交互通道和不同交互设备的优势增强 AR 应用中的交互体验，是 AR 未来很重要的发展趋势。

图 6-38　典型的混合用户界面：ambientROOM

图 6-39 典型的混合用户界面：transBOARD

6.3.2 新形态交互技术

触觉反馈技术

触觉反馈技术能够产生力学信号，从而通过人类的动觉和触觉通道给用户反馈信息。从字面上看，这项技术使得用户可以通过触摸的方式感知实际或虚拟的力学信号，然而实际上触觉反馈技术还包括提供体位、运动和重量等动觉通道的力学信号。这一特点能够极大地拓宽基于智能眼镜的增强现实的交互带宽，增加其应用的真实感和沉浸感。有研究将该项技术用于乳腺癌触诊训练当中，通过仿真运动模型，被训人员能够亲身体验虚拟肿瘤上的触觉刺激。

笔交互技术

笔式交互模拟了人们日常的纸笔工作环境，交互效果自然、高效。笔交互设备具有便携、可移动的特点，可以方便人们在不同的时间和地点灵活地进行交流。笔交互技术的研究内容主要集中在三个方面：笔式界面范式、笔迹识别与理解、基于笔的交互通道拓展。研究者已经意识到，这种自然的交互方式和多样化的交互通道（笔迹、压力、笔身姿态等）能够为基于智能眼镜的增强现实应用提供重要支持。

生理计算技术

生理计算是建立人类生理信息和计算机系统之间的接口的技术，包括脑机接口（BCI）和肌机接口（MuCI）等。这种技术通过对采集的人体脑电、心电、肌肉电、血氧饱和度、皮肤阻抗、呼吸率等生理信息进行分析处理，识别人类交互意图和生理状态，在近几年得到了人机交互学术界的高度关注。研究人员通过将脑电设备与 AR 图书相结合，在少年儿童阅读的时候通过分析脑电情况对阅读材料进行一定的调整，提高他们的阅读专注度。肌肉电也被应用到基于 AR 的游戏、生活应用、驾驶和手术中，能够大大提高游戏的参与度、生活应用的便捷度、驾驶的安全性和手术操作的卫生程度等，对丰富 AR 中的交互方式至关重要。

小结

当前，我们看到了大量极具创新性的 AR 应用，实物交互、3D 交互、多通道和混合交互在这些应用中表现出了强大的生命力，极大地促进了交互技术的发展。我们相信，AR 交互技术的发展将会带来更多新思路，触觉反馈和生理计算等新型交互方法将为 AR 提供更多的感知与表达方法。AR 中的人机交互还有很长的路要走，期待它能够实现现实世界与虚拟世界的无缝融合，抛弃传统的交互方式，以一种全新的、更加自然和高效的方式出现在人们面前。

第 7 章 *Chapter 7*

结　语

　　本书作为增强现实概论，简明扼要地介绍了增强现实相关的理论基础、典型应用及发展趋势。

　　增强现实作为一门刚刚起步的学科，还有诸多理论及算法需要完善。计算机视觉技术的发展直接影响着增强现实技术的进步。相应的模式识别及目标追踪技术已经相当成熟。但近年来随着人工智能技术的发展，传统的计算机视觉技术已经逐渐转为图像的预处理模块，而核心算法已经被人工智能训练所替代。这对于致力于增强现实相关技术的公司，尤其是专注于核心技术的公司，既是新的挑战，也是一次前所未有的机遇。对于有志于投身增强现实行业的人，应当多加关注人工智能相关技术的研究成果及最新技术发展，以适应计算机视觉的转型。

　　增强现实作为一个新兴产业，也将为相应的产业链带来全新的发展机会。可穿戴式设备尤其是智能眼镜可以说是因增强现实而诞生的全新设备，理论上智能眼镜上的任何应用都是增强现实应用。围绕着基于地理位置、图像识别和环境定位等 AR 核心技术，针对智能眼镜的全新应用程序开发将会成为各个行业甚至个人应用的迫切需要。类似于当前已经完全融入生活各个领域的智能手机 App，相信基于智能眼镜的各种应用也将蓬勃发展，最终将会与手机 App 一样成为生活中必不可少的元素。同时，智能眼镜本身的发展将为光学显示、交互控制和系统集成等各个领域带来新的生机，新的产业链也渐见雏形。

当然，我们也应当看到当前增强现实行业面临的一些问题和挑战。（1）由于 AR 最近几年才进入公众视野，因此国内外公司采用了不同的软硬件技术来进行实现，没有统一的标准和协议，也就意味着一个 AR 体验内容在转换底层平台后需要重新进行编写。2015 年年初，当德国著名增强现实公司 Metaio 公布被苹果公司全资收购后，甚至出现了许多 AR 公司因其内容全部无法继续使用而被迫停业的状况。因此，增强现实的行业标准及标准协议都需要尽早制定。（2）增强现实技术的应用建立在 AR 核心算法库之上，无法在类似微信等用户众多的第三方平台上运行。因此，迫切需要一个增强现实门户平台，集 AR 体验、AR 内容管理甚至 AR 内容编辑与一体。这样的平台能够最大程度降低消费者的 AR 体验门槛，而无须逐个下载 App。并且 AR 开发者也能过平台快速制作及管理 AR 内容，从最大程度上减轻 AR 开发的成本。（3）增强现实目前的应用几乎全部是面向商业用户的行业案例，而没有面向普通消费者的应用。增强现实的大范围普及和爆发，依赖于一款"爆款"AR 应用的出现。这样的应用需要完全发挥出 AR 的特点，使其平滑地融入老百姓的日常生活中。只有这样的应用出现并日渐成熟，AR 才能真正爆发出其应有的魅力。

在全球范围内，当前还存在着许多对增强现实的错误认识和定位。AR 技术从本质上来说是一种新的显示和辅助方式，它可以在某种程度上帮助各行业增加效率并降低成本，但不能取代行业本身。很多企业把 AR 作为主打推出一系列"AR 产品"，却忽略了产品本身的特点，导致产品的销量十分低迷，设计也十分牵强。"为了 AR 而 AR"的错误做法在市场上屡见不鲜。反观一些企业本身有很好的产品及盈利模式，他们利用 AR 的特性围绕着自身产品的核心增加了一些特别的体验，最终 AR 为其产品锦上添花，这样善用 AR 的企业往往能取得不错的业绩增长。

　　同时也必须强调，增强现实的核心是"现实"，在设计 AR 产品和体验的时候，必须围绕着与现实的互动进行设计。目前市面上存在大量的"伪 AR 应用"，其特点是与用户环境不存在或存在十分牵强的关系。例如，一款通过识别图片而出现虚拟教学内容的 AR 应用，本身增强出的内容与现实没有任何关系，用户完全不需要进行这种体验。在设计 AR 应用的时候，要仔细思考如何发挥 AR 的特点，包括环境的融入与互动的设计。只有当 AR 元素在整个体验中成为不可或缺的一块时，AR 才有必要加入产品设计和体验当中来。

　　增强现实的发展依赖于相关的人才培养。目前，各大高校还没有专门针对增强现实而开设的专业，需要 AR 爱好者或者有志于投身 AR 行业的人员进行自我学习。本书涉及增强现实的各个方面，希望能起到抛砖引玉的作用，帮助相关人员快速全面地了解 AR 的各个层面，为将来在不同领域的更进一步研究及发展奠定良好的基础。

推荐阅读

计算机视觉：模型、学习和推理

作者：Simon J. D. Prince 译者：苗启广 等 ISBN：978-7-111-51682-8 定价：119.00元

计算机与机器视觉：理论、算法与实践（英文版·第4版）

作者：E. R. Davies ISBN：978-7-111-41232-8 定价：128.00元

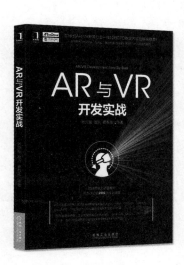

AR与VR开发实战

作者：张克发 等 ISBN：978-7-111-55330-4 定价：69.00元

VR/AR/MR开发实战——基于Unity与UE4引擎

作者：刘向群 等 ISBN：978-7-111-56326-6 定价：129.00元